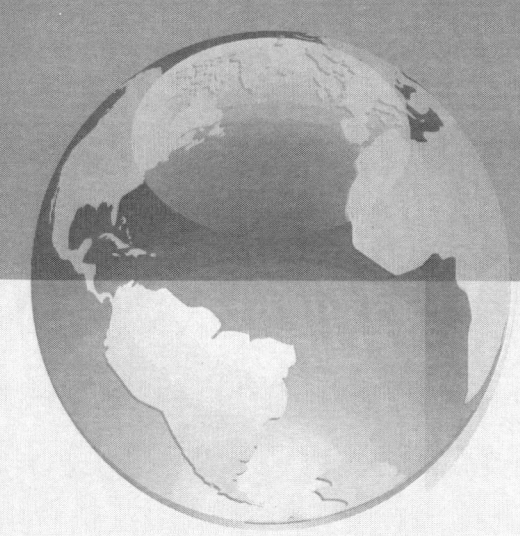

電子商務專項技能實訓教程

主　編　何亮、何苗
副主編　柳玉壽、欒睿、池睿

Foreword 前言

　　本書符合應用型和技能型人才培養的要求,注重以就業為導向,以能力為本位, 面向企業,以經濟結構調整為原則,以滿足高技能電子商務實用型人才的培養。在編寫過程中, 我們充分學習了兄弟院校的專業教學實踐經驗,深入研究了社會對電子商務專項技能的需求,吸收了各方先進的教育理念和方法,形成了本教材的特色。歸納為以下三點:

　　(1) 面向應用。本書的作者均來自教學一線,有多年的專業教學經驗, 同時又積極參與地方經濟服務, 具有豐富的行業實踐經驗。因此, 本書能夠根據應用型人才培養目標, 結合目前的社會需求實際來編寫。

　　(2) 難易合適。本書借鑑各類專業和職業教育教材, 化繁為簡, 重實踐、輕理論,突出專項應用能力培養,著重強調知識體系,強化專項技能培養。

　　(3) 知識體系完整。本書在內容選擇上,在對人才的知識、能力的要求方面,力求做到與社會需求緊密結合,並較多地反應新知識、新技術和新方法。

全書7個專項，共計18個主題，涵蓋了電子商務專項技能的全部應用要求。主要內容包括電子商務認知（何苗老師負責撰寫）、電子商務模式（何亮老師負責撰寫）、電子商務平臺選擇（柳玉壽老師負責撰寫）、電子商務交易安全（池睿老師負責撰寫）、網絡營銷（欒睿老師負責撰寫）、網上銀行與電子支付（何源老師負責撰寫）和電子商務物流（李俊松老師負責撰寫）。

教材引用了許多學者的先進成果，在此一併致謝。由於編者的水平和時間有限，書中難免存在不足之處，敬請廣大讀者和專家批評指正。

目錄

專項一　電子商務認知	1
主題 1　傳統商務、電子商務與移動電子商務	1
主題 2　電子商務體系架構	12

專項二　電子商務模式	15
主題 1　B2B 電子商務模式	15
主題 2　B2C 電子商務模式	19
主題 3　C2C 電子商務模式	27
主題 4　C2B 電子商務模式	32

專項三　電子商務平臺選擇	34
主題 1　自建電商平臺	35
主題 2　第三方電子商務平臺	40

專項四　電子商務交易安全　　45

主題 1　認知電子商務交易安全問題　　45
主題 2　電子商務安全技術　　51
主題 3　電子商務法　　66

專項五　網絡營銷　　77

主題 1　認識網絡營銷　　77
主題 2　網絡營銷調研　　87
主題 3　信息發布與推廣　　93

專項六　網上銀行與電子支付　　100

主題 1　網上銀行的使用　　100
主題 2　電子支付　　106

專項七　電子商務物流　　126

主題 1　電子商務物流與物流管理　　126
主題 2　電子商務物流的選擇　　137

專項一　電子商務認知

● 主題 1　傳統商務、電子商務與移動電子商務

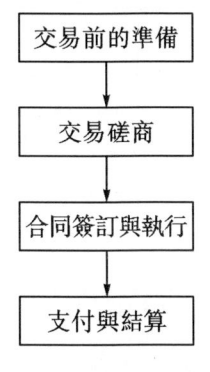 主題引入

　　現代社會，人們可以通過兩種方式來購買所需產品。圖 1-1 所示為通過傳統方式購買產品，圖 1-2 所示為通過現代網絡購物方式購買產品。請分析兩種方式各有什麼特點和優勢，並瞭解常見的電子商務類型。

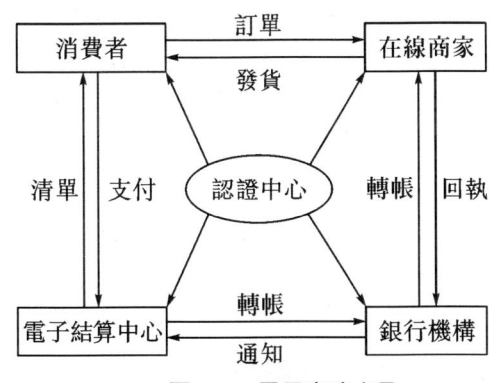

圖 1-1　傳統商務交易　　　　　　圖 1-2　電子商務交易

電子商務專項技能實訓教程

 相關知識

面對網絡引起的商業模式的改變，一些大型企業如蘇寧、海爾等早就做到了未雨綢繆，率先進入了電子商務時代，獲得了較高的利潤。然而一部分中小企業卻由於資金、技術等原因，感到茫然和無助。對中小企業來說，能否迅速利用互聯網優勢，決定著其能否適應一個新的時代，提高自己的競爭能力，在全球化的經濟大潮中求得更廣闊的生存與發展空間。

既然電子商務能夠給企業帶來強大的生命力，那麼什麼是電子商務、電子商務與傳統商務之間有什麼區別與聯繫就成為我們首先要瞭解的問題。

1 傳統商務

1.1 傳統商務的定義

傳統商務是商品生產、流通結算所進行的全部活動的總稱。商務活動作為商業、貿易、服務行政管理和經濟事務等的統稱，幾乎覆蓋了人類社會經濟生活的各個方面。人類社會中人與人的基本關係之一就是商務關係，人們正是通過各種商務活動把社會經濟的各個方面聯繫起來，把不同的人群聯繫起來，形成了人類整體互相依賴、互相支持的關係。商務活動是人類經濟生活的紐帶和橋樑。

傳統商務活動的三個基本要素為買方、賣方、交易。商品交易是商務活動的形式，必須由買方和賣方共同參加並完成商品所有權的轉移，期間常常需要仲介機構提供相應的服務。商品交易的目的是為了取得商品的使用價值和實現商品價值，整個交易過程是信息流（整個交易過程中所產生的信息集合及其流動過程）、資金流（交易過程中資金在買賣雙方的流動過程）、物流（商品從賣方到買方的流動過程）的統一。

傳統商品交易過程（商務流程）大致可分為四個階段：交易前的準備、交易磋商、合同簽訂與執行、支付與結算。

1.1.1 交易前的準備

交易前的準備是指買賣雙方在交易磋商前的準備活動。

買方根據自己的需求，進行貨源市場調查與分析，尋找滿足自身需求的產品和服務。制訂購買計劃並準備購貨款，再按計劃初步確定購買商品

專項一　電子商務認知

的種類、數量、規格、價格、購貨地點和交易方式等。

賣方首先要進行市場調研和市場分析，生產適銷對路的產品，制定各種銷售策略並確定銷售方式（如召開商品新聞發布會、製作廣告宣傳單等），尋找交易夥伴和交易機會。

概括而言，交易前的準備實際上就是買賣雙方進行商品信息發布、查詢和匹配的過程。

1.1.2　交易磋商

交易磋商是指買賣雙方對所有交易的細節進行談判，包括雙方在交易中的權利、所承擔的義務，以及購買商品的種類、數量、規格、價格、購貨地點、交易方式、運輸方式、違約和索賠等。交易磋商實際上是貿易雙方進行口頭磋商或紙面貿易單證傳遞的過程。紙面貿易單證包括詢價單、價格磋商、訂購合同、發貨單、運輸單、發票、收貨單等，各種紙面貿易單證反應了商品交易雙方的價格意向、營銷策略管理要求及詳細的商品供需信息。

1.1.3　合同簽訂與執行

經認真磋商決定的內容，除口頭約定外，交易雙方必須以書面形式簽訂具有法律效力的商貿合同，來確定磋商的結果並監督執行。雙方產生糾紛時，應通過合同，由相應機構進行仲裁。

根據合同，賣方要備貨，組貨，完成必要的交易手續，將商品交付運輸公司包裝、起運、發貨或直接交付給買方。買方收到商品後，要組織驗貨，完成接收過程。

1.1.4　支付與結算

買方要根據約定或合同規定進行付款，付款可通過銀行或金融機構進行，以完成整個交易過程。傳統商貿業務中的支付一般有現金和支票兩種方式。支票方式多用於企業的商貿過程，企業用支票方式支付涉及雙方單位及雙方開戶銀行。現金方式常用於企業對個體消費者的商品零售過程。

索賠是指在買賣雙方交易過程中出現違約情況時進行的違約處理工作，受損方要向違約方索賠。

1.2　傳統商務的特點

1.2.1　生產經營過程的標準化

企業的生產經營流程的標準化通過傳統工業生產經營過程就可以得到充分的反應。傳統上講，任何工業生產過程，都必須經過一定的加工轉換

電子商務專項技能實訓教程

過程，這個過程可以包括生產技術準備、基本生產過程、輔助生產過程、生產服務過程、附屬生產過程等基本生產環節。這些基本的生產經營過程在工藝應用、質量控制、財務、人力、設計、市場開發等方面，都逐漸形成了特定的標準，而正是這種標準化，推動了整個社會工業化的進程和生產經營協調聯繫的體系的建設。

1.2.2 生產經營過程的連續性

傳統企業存在的重要基礎是生產經營過程在時間上的連續性和空間上的密切配合，以使生產經營過程的行程最短、時間最省、耗費最少。保持和提高生產經營過程的連續性，可以充分利用機器設備和勞動力，縮短產品的生產週期，加速資金週轉，減少零部件的停放保管損失和變質損失，提高經濟效益。

1.2.3 要素配置的優化

經濟學已經證明，總量一定的條件下的要素配置優化，可以明顯提高產出效益。因此，企業生產在長期的發展過程中形成了嚴密的比例性，即從生產一開始的設計規劃到生產過程，企業對產品技術要素、各部門、各工序以及各階段在材料配備、規模確定、保障條件、協作關係等方面都逐漸按照一定的比例安排，並不斷進行調整和優化。

不僅如此，傳統模式下的市場交易還反應出交易活動和交易市場的地域性和專業性特點。地域性反應了在傳統的交易過程中，由於交易手段的限制，交易活動主要在不同的地區內部展開，各種跨區域的市場交易產儘也大量存在，但手段的局限性限制了其進一步的擴展。

2 電子商務

2.1 電子商務的概念

電子商務已引起了人們的普遍關注，但人們對電子商務還沒有一個統一規範的認識。不同的專家學者、企業、社會組織以及政府機構從不同方面對電子商務做出了不盡相同的描述。歸納起來，電子商務的概念可以有廣義和狹義之分。

2.1.1 廣義的電子商務

廣義的電子商務是指利用網絡實現所有商務活動業務流程的電子化，不僅包括了電子商業的面向外部的業務流程，如網絡營銷、電子支付、物流配送等，還包括了企業內部的業務流程，如企業資源計劃、管理信息系

專項一　電子商務認知

統、客戶關係管理、供應鏈管理、人力資源管理、網上市場調研、戰略管理、財務管理等。

電子商務包含兩個方面，一是商務活動，二是電子商務手段。它們之間的關係是：商務是核心，電子是手段和工具。這裡的商務包括企業通過內聯網的方式處理與交換商貿信息，企業與企業之間通過外聯網或專用網方式進行業務協作和商務活動，企業與消費者之間通過互聯網進行商務活動，消費者與消費者之間通過互聯網進行商務活動，以及政府管理部門與企業之間通過互聯網或專用網方式進行管理和商務活動。這裡的電子化手段包括自動捕獲數據、電子數據交換、電子郵件發送和接收、電子資金轉帳、網絡通信、無線移動技術等各種電子通信技術手段。

2.1.2　狹義的電子商務

狹義的電子商務一般也被稱為電子交易，是指通過互聯網進行的商務活動。在大多數情況下，人們說的電子商務概念就是狹義的電子商務。

2.2　電子商務的特點

一般的電子商務交易流程如圖 1-1 所示。可以結合如下電子商務交易流程來看電子商務的特點：

第一步，顧客通過網絡查看在線商店或企業的主頁。

第二步，顧客通過購物對話框填寫姓名、地址、商品品種、規格、數量、價格。

第三步，顧客選擇支付方式，如信用卡、支付寶等，也可選用借記卡、電子貨幣或電子支票等。

第四步，在線商店或企業的客戶服務器檢查支付方服務器，確認匯款額。

第五步，在線商店或企業的客戶服務器確認顧客付款後，通知銷售部門送貨上門或委託第三方企業送貨。

第六步，顧客的開戶銀行將支付款項傳遞到消費者的信用卡公司，信用卡公司負責將收費清單發給顧客。

為保證交易過程中的安全，需要有一個認證機構對在互聯網上交易的買賣雙方進行認證，以確認雙方的真實身分。

由此可見，電子商務交易具有以下特點：

2.2.1　交易虛擬化

通過互聯網為代表的計算機網絡進行的貿易，貿易雙方從貿易磋商、

簽訂合同到支付，這些步驟都無須當面進行，而是通過計算機網絡完成，整個交易完全虛擬化。對賣方來說，可以到網絡管理機構申請域名，製作自己的主頁，將產品信息放到網上。而虛擬現實、網上聊天等新技術的發展使買方能夠根據自己的需求選擇廣告，並將信息反饋給賣方。通過信息的推拉互動，雙方簽訂電子合同，完成交易，買方進行電子支付。整個交易都在網絡這個虛擬的環境中進行。當然，要實現電子商務交易虛擬化，離不開信息的數字化，商家必須將商品信息整理後發布。

2.2.2　交易成本低

電子商務使得買賣雙方的交易成本大大降低，具體表現在以下方面：

◆ 距離越遠，網絡上進行信息傳遞的成本相對於信件、電話、傳真而言就越低。此外，縮短時間及減少重複的數據錄入也降低了信息成本。

◆ 買賣雙方通過網絡進行商務活動，無須仲介參與，減少了交易的有關環節。

◆ 賣方可通過網絡進行產品介紹、宣傳，減少了在傳統方式下打廣告、發印刷傳單等花費。

◆ 電子商務實行「無紙貿易」，可減少90%的文件處理費用。

◆ 互聯網使買賣雙方即時溝通供需信息，使無庫存生產和無庫存銷售成為可能，從而使庫存成本降為零。

◆ 企業利用內部網（Intranet）可實現「無紙辦公」（OA），提高了內部信息傳遞的效率，節省了時間，降低了管理成本。企業通過網絡把公司總部、代理商以及分佈在其他地區或國家的子公司、分公司聯繫在一起，及時對各地市場情況做出反應，及時生產，及時銷售，降低存貨費用，採用速度快捷的配送公司提供交貨服務，從而降低產品成本。

◆ 傳統的貿易平臺是地面店鋪，新的電子商務貿易平臺則是網吧或辦公室。

2.2.3　交易效率高

由於網絡將貿易中的商業報文標準化，商業報文得以在世界各地瞬間完成傳遞並進行計算機自動處理，原料採購、產品生產、需求與銷售、銀行匯兌、保險、貨物托運及申報等過程也無須人員干預，可在最短的時間內完成。傳統貿易方式下，用信件、電話和傳真傳遞信息，必須有人的參與，且每個環節都要花不少時間。有時由於人員合作和工作時間的問題，會延誤傳輸時間，失去最佳商機。電子商務克服了傳統貿易方式費用高、

專項一　電子商務認知

易出錯、處理速度慢等缺點，極大地縮短了交易時間，使整個交易非常快捷與方便。

2.2.4　交易透明化

買賣雙方交易的洽談、簽約以及貨款支付、交貨通知等整個交易過程都在網絡上進行。通暢、快捷的信息傳輸可以保證各種信息之間互相核對，防止偽造信息，方便了網上交易信息的審查。

2.3　電子商務的分類

2.3.1　按照交易的主體分類

電子商務按照交易的主體可以劃分為五大類：B2B、B2C、C2C、B2G、C2G。

◆ 企業對企業的電子商務。企業對企業（Business to Business，B2B）的電子商務指的是企業與企業之間依託互聯網等現代信息技術手段進行的商務活動。例如，工商企業利用計算機網絡向供應商進行採購，或利用計算機網絡進行付款等。這一類電子交易發展較早、所佔比重較大，一般被認為是電子商務的主要組成部分。

◆ 企業對消費者的電子商務。企業對消費者（Business to Customer，B2C）的電子商務指的是企業與消費者之間依託互聯網等現代信息技術手段進行的商務活動。這類電子商務主要是借助國際互聯網開展的在線式銷售活動。近幾年，隨著國際互聯網的發展，這類電子商務異軍突起。例如，目前在國際互聯網上已出現許多大型超級市場，出售的商品一應俱全，從食品、飲料到計算機、汽車等，幾乎包括了所有的消費品。開展企業對消費者的電子商務，障礙較少，應用潛力巨大。就目前發展來看，這類電子商務仍將持續發展，是推動其他類型電子商務發展的主要動力之一。

◆ 消費者對消費者的電子商務。消費者對消費者（Customer to Customer，C2C）的電子商務是指買方是消費者，賣方也是消費者，即消費者之間的電子商務。典型的C2C類型是拍賣網站。

◆ 企業對政府的電子商務。企業對政府（Business to Government，B2G）的電子商務指的是企業與政府機構之間依託互聯網等現代信息技術手段進行的商務或業務活動。例如，政府將採購的細節在國際互聯網上公布，通過網上競價方式進行招標，企業通過電子方式在網上進行投標等。

目前這種方式發展很快，因為政府可以通過這種方式樹立新的形象，

通過示範作用促進電子商務的發展。除此之外，政府可以通過這類電子商務實施對企業的行政事務管理，如政府用電子商務方式發放進出口許可證、開展統計工作，企業可以通過網絡辦理交稅和退稅等。

◆ 消費者對政府的電子商務。消費者對政府（Customer to Government，C2G）的電子商務，是指政府對個人的電子商務活動。這類電子商務活動目前還沒有真正形成。在個別發達國家，如澳大利亞，政府的稅務機構已經通過指定私營稅務或財務會計事務所用電子方式來為個人報稅。這類活動雖然還沒有達到真正的報稅電子化，但是，它已經具備了消費者對行政機構電子商務的雛形。

隨著企業對消費者、企業對政府電子商務的發展，政府將會為個人提供更為全面的電子方式服務。政府各部門向社會納稅人提供的各種服務，例如社會福利金的支付等，將來都會在網上進行。

2.3.2 按交易涉及的商品內容分類

如果按照電子商務交易所涉及的商品內容分類，電子商務主要包括兩類商業活動。

◆ 間接電子商務。這種電子商務涉及的商品是有形貨物的電子訂貨，如鮮花、書籍、食品、汽車等，交易的商品需要通過傳統的渠道如郵政和商業快遞的服務來完成送貨，因此，間接電子商務要依靠送貨的運輸系統等外部要素。

◆ 直接電子商務。這種電子商務涉及的商品是無形的貨物和服務，如計算機軟件、娛樂內容的聯機訂購、付款和交付，或者是全球規模的信息服務。直接電子商務能使雙方越過地理界線直接進行交易，充分挖掘全球市場的潛力。目前中國大部分的農業網站都屬於這一類。

3 移動電子商務

3.1 移動電子商務的概念

移動電子商務（M-Commerce），它是由電子商務（E-Commerce）的概念衍生出來的。電子商務以 PC 機為主要界面，是「有線的電子商務」；而移動電子商務，則是通過手機、PDA（個人數字助理）這些可以裝在口袋裡的終端讓買賣雙方「見面」，無論何時、何地都可以交易。有人預言，移動商務將決定 21 世紀新企業的風貌，也將改變生活與舊商業的「地形地貌」。

專項一　電子商務認知

移動電子商務就是利用手機、PDA 等無線設備進行 B2B 或 B2C 的電子商務，以前這些業務一貫是在有線的 Web 系統上進行的。

與傳統通過電腦（臺式 PC、筆記本電腦）平臺開展的電子商務相比，移動電子商務擁有更為廣泛的用戶基礎。截至 2017 年 6 月，中國互聯網網民數量達到 7.51 億人，手機網民規模達到 7.24 億人。網民中使用手機上網的比例由 2016 年年底的 95.1% 提升至 96.3%，由此可見移動寬帶具有更為廣闊的市場前景。

3.2　移動電子商務的特點

與傳統的電子商務活動相比，移動電子商務具有如下幾個特點：

（1）更具開放性、包容性。移動電子商務接入方式的無線化，使得任何人都更容易進入網絡世界，從而使網絡更廣闊、更開放；同時，使網絡虛擬功能更帶有現實性，因而更具有包容性。

（2）具有無處不在、隨時隨地的特點。移動電子商務的最大特點是「自由」和「個性化」。傳統電子商務已經使人們感受到了網絡所帶來的便利和快樂，但它的局限在於它必須有線接入，而移動電子商務則可以彌補傳統電子商務的這種缺憾，可以讓人們隨時隨地結帳、訂票或者購物，感受獨特的商務體驗。

（3）潛在用戶規模大。目前中國的移動電話用戶已接近 14 億，是全球之最。顯然，從電腦和移動電話的普及程度來看，移動電話遠遠超過了電腦。而從消費用戶群體來看，手機用戶中基本包含了消費能力強的中高端用戶，而傳統的上網用戶中以缺乏支付能力的年輕人為主。由此不難看出，以移動電話為載體的移動電子商務不論在用戶規模上，還是在用戶消費能力上，都優於傳統的電子商務。

（4）能較好確認用戶身分。對傳統的電子商務而言，用戶的消費信用問題一直是影響其發展的一大問題，而移動電子商務在這方面顯然擁有一定的優勢。這是因為手機號碼具有唯一性，手機 SIM 卡片上存貯的用戶信息可以確定一個用戶的身分，而隨著未來手機實名制的推行，這種身分確認將越來越容易。對於移動商務而言，這就有了信用認證的基礎。

（5）定制化服務。由於移動電話具有比 PC 機更高的可連通性與可定位性，因此移動商務的生產者可以更好地發揮主動性，為不同顧客提供定制化的服務。例如，開展依賴於包含大量活躍客戶和潛在客戶信息的數據庫的個性化短信息服務活動，以及利用無線服務提供商提供的人口統計信

息和基於移動用戶當前位置的信息，商家可以通過具有個性化的短信息服務活動進行更有針對性的廣告宣傳，從而滿足客戶的需求。

（6）移動電子商務易於推廣使用。移動通信所具有的靈活、便捷的特點，決定了移動電子商務更適合大眾化的個人消費領域，比如自動支付系統，包括自動售貨機、停車場計時器等；半自動支付系統，包括商店的收銀櫃機、出租車計費器等；日常費用收繳系統，包括水、電、煤氣等費用的收繳等；移動互聯網接入支付系統，包括登錄商家的WAP站點購物等。

（7）移動電子商務領域更易於技術創新。移動電子商務領域因涉及IT、無線通信、無線接入、軟件等技術，並且商務方式更具多元化、複雜化，因而在此領域內很容易產生新的技術。隨著中國4G網絡的興起與應用，這些新興技術將轉化成更好的產品或服務，所以，移動電子商務領域將是下一個技術創新的高產地。

3.3 發展趨勢

（1）企業應用將成為熱點。移動電子商務的快速發展，必須是基於企業應用的成熟。企業應用穩定性強、消費力大，這些特點個人用戶無法與之比擬。而移動電子商務的業務範疇中，有許多業務類型可以讓企業用戶在收入和提高工作效率上得到很大幫助。企業應用的快速發展，將會成為推動移動電子商務的最主要力量之一。

（2）獲取信息成主要應用。在移動電子商務中，雖然主要目的是交易，但是實際上在業務使用過程當中，信息的獲取對於帶動交易的發生或是間接引起交易是有非常大的作用的。比如，用戶可以利用手機，通過信息、郵件、標籤讀取等方式，獲取股票行情、天氣、旅行路線、電影、航班、音樂、遊戲等各種內容業務的信息，而在這些信息的引導下，客戶易進行電子商務的業務交易活動。因此，獲取信息將成為各大移動電子商務服務商初期考慮的重點。

（3）安全問題仍是機會。由於移動電子商務依賴於安全性較差的無線通信網絡，因此安全性是移動電子商務中需要重點考慮的因素。和基於PC終端的電子商務相比，移動電子商務終端運算能力和存儲容量更加不足，如何保證電子交易過程的安全，成了大家最為關心的問題。

在這樣的大環境下，有關安全性的標準制定和相關法律法規的出抬也將成為趨勢，同時，相關的供應商和服務商也就大行其道。

（4）移動終端的機會。移動終端也是一個老生常談的話題。移動電子

專項一　電子商務認知

商務中的信息獲取、交易等問題都和終端息息相關。終端的發展機會在於不僅要帶動移動電子商務上的新風尚，還對價值鏈上的各方合作是否順利以及業務的開展有著至關重要的影響。

（5）與無線廣告捆綁前進。移動電子商務與無線廣告，在過去的發展過程中有些割裂，其實這是「兩條腿走路」的事情，二者是相輔相成的，任何一方的發展，都離不開另外一方的發展。二者的完美結合，就是無線營銷的康莊大道。

（6）終端決定購物行為。調查報告顯示：47%的智能機和56%的平板電腦用戶計劃利用他們的移動終端購買更多物品；接近一半的智能手機和平板電腦用戶覺得移動購物是方便的，而如果企業能提供一些簡便易用的移動應用或者移動網站則會更加方便；三分之一的智能手機用戶利用手機進行購物，而只有10%的功能機用戶利用他們的手機進行購物。

（7）虛擬電子錢包正流行。20%的智能手機用戶曾經將他們的手機當作虛擬錢包；28%的智能手機用戶期望能將手機當虛擬錢包做更多的事情；四分之一的平板電腦使用者非常希望能使用一些新技術。

（8）移動優惠券和條形碼。產儘虛擬電子錢包受歡迎，但更多的智能手機和平板電腦用戶希望通過手機查看更多的產品信息（55%~57%），或者使用移動優惠券（53%~54%）；一半的智能手機和平板電腦用戶說他們計劃掃描商品條形碼以獲得更多的產品信息，這也顯示條形碼的使用將在接下來的幾年成為主流。

（9）用戶體驗亟須改進。54%的智能手機用戶和61%的平板電腦用戶認為企業品牌提供的移動購物應用非常不友好，用戶體驗也差，不會使用它們購物。

（10）對移動電商發展有幫助的新技術。科技的發展催生出了一些新的技術，如物聯網、二維碼等新技術，它們的出現將有助於移動電商的發展。

（11）靠移動圖像識別技術拍照購物。想像一下，你走在大街上，看到某位潮人穿了一雙超棒的鞋子，你拍下了一張照片，靠圖像識別就可以給自己也買上一雙，這種感覺多棒啊！

思考與練習

1. 簡述傳統商務的特點。
2. 什麼是電子商務？其常見的類型有哪些？
3. 相較電子商務，移動電子商務有什麼特點？

主題 2　電子商務體系架構

 主題引入

隨著網絡經濟迅猛發展，國家提出「互聯網+」戰略，各行各業依託互聯網和電子商務，積極地開展轉型升級。企業要系統開展電子商務，需要掌握哪些資源，具備怎樣的能力？

 相關知識

電子商務涉及的領域非常廣泛，包括多種類型的活動、組織機構以及技術。因此，用一個框架來描述電子商務的構成有助於我們對電子商務的理解。

由圖 1-3 可知，最高層電子商務的應用是豐富多彩的，為了實施這些應用，企業需要與之匹配的信息、基礎設施和支持服務體系。圖 1-3 表明了電子商務的應用是由基礎設施以及五個政策支持領域來支撐的。這五個領域分別是：

◆ 人：買方、賣方、中間商、信息系統人員以及任何其他參與者共同構成了一個重要的支持領域。

◆ 公共政策：包括法律和其他政策，例如由政府決定的隱私保護和稅收政策。公共政策還包括政府和行業權威機構制定的技術標準。

專項一　電子商務認知

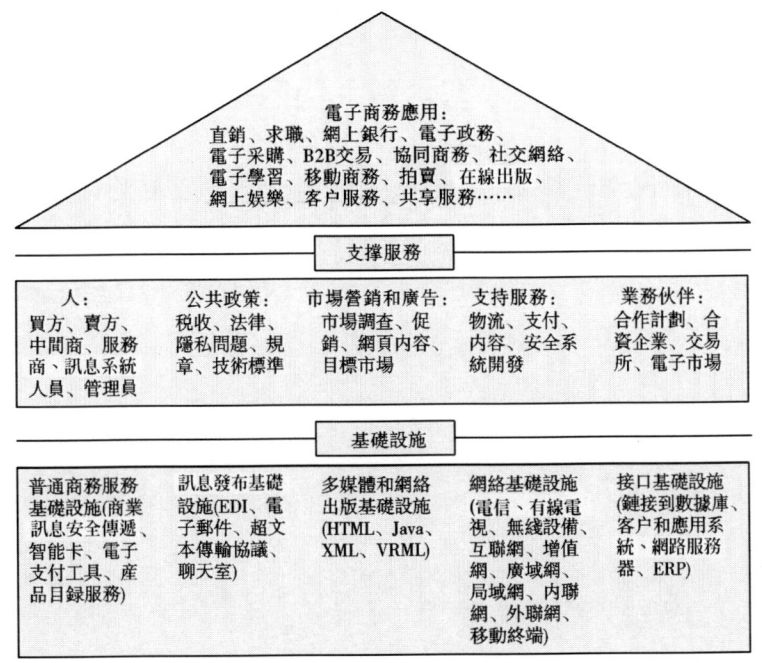

圖1-3　電子商務的架構

◆ 市場營銷和廣告：和其他企業一樣，電子商務常常需要市場營銷和廣告的支持，尤其是在買主和賣主互不認識的 B2C 網上交易中。

◆ 支持服務：從內容創建到支付，再到訂單傳送，電子商務都需要大量的支持服務。

◆ 業務夥伴：合資、交易以及各種類型的業務合作在電子商務中經常出現，它們經常發生在整條供應鏈上。例如，企業與供應商、顧客和其他夥伴之間的交易。

圖1-3 的最底層是電子商務的基礎設施，其中包括電子商務所用的軟件、硬件和網絡系統。這些設施和支持服務都需要有良好的管理來協調，這就意味著企業需要規劃、組織、激勵和制定戰略。企業為了實現績效的最優化，必要時還需利用電子商務模式和戰略重組業務流程。管理者還需要解決戰略層和運作層的決策問題。

13

思考與練習

1. 電子商務的基本框架主要包含哪些方面？
2. 框架中的知識將在哪些課程中進行學習？

專項二 電子商務模式

主題 1　B2B 電子商務模式

主題引入

　　電子商務模式是企業運作電子商務、創造價值的具體表現形式，它直接、具體地體現了電子商務的生存狀態和生存規律。目前，典型的電子商務交易模式有 B2B、B2C、C2C、C2B、O2O 等。圖 2-1 所示為典型的 B2B 交易模式——阿里巴巴商務網站。本主題將通過瀏覽該網站，介紹 B2B 電子商務交易模式、B2B 電子商務交易模式參與的主體和 B2B 電子商務交易模式的兩種形式及現狀。

圖 2-1　阿里巴巴 B2B 模式網站

相關知識

傳統的企業間的交易往往要耗費企業大量的資源和時間，無論是銷售還是採購都要占用產品成本。通過 B2B 的交易方式，買賣雙方能夠在網上完成整個業務流程——從建立最初印象，到貨比三家，再到討價還價、簽單和交貨，最後到客戶服務。B2B 電子商務模式使企業間的交易減少了許多事務性的工作流程和管理費用，降低了企業經營成本。網絡的便利及延伸性使企業擴大了活動範圍，企業發展跨地區、跨國界更方便，成本更低廉。

1　B2B 的基本概念

企業對企業電子商務是指企業之間通過互聯網、外部網、內部網或者企業私有網絡，以電子方式實現的交易。這些交易可以發生在企業及其供應鏈成員之間，也可以發生在一個企業和其他企業之間。B2B 的主要特點是企業希望通過電子自動交易或溝通、協作過程來提高它們自身的效率。

B2B 電子商務涉及企業與其供應商、客戶之間大宗貨物的交易活動，其交易金額大、交易對象廣泛，涉及石油、化工、水電、運輸、儲存、航空、國防、建設等各個行業。B2B 是電子商務中業務量最大的一種類型，約占電子商務總交易量的 90%，構成了電子商務業務的主體。

B2B 中最主要的商業推動因素包括：擁有安全的互聯網平臺以及私有的、公共的 B2B 電子市場；供應商和購買者之間相互合作的需求；節約資金、減少延遲以及促進合作的能力；有效的內部以及外部整合技術的出現。

2　B2B 交易的基本類型

買方和賣方的數量以及參與 B2B 的模式決定了基本的 B2B 交易類型。
◆ 賣方模式：一個賣家對應多個買家。
◆ 買方模式：一個買家對應多個賣家。
◆ 網絡交易市場模式：多個賣家對應多個買家。
◆ 協同商務模式：企業夥伴之間買賣之外的活動，例如供應鏈改進、交流、合作和共贏相關設計規劃信息等。

專項二　電子商務模式

3　面向製造業或面向商業的垂直 B2B

垂直 B2B 可以分為兩個方向,即上游和下游。生產商或商業零售商可以與上游的供應商之間形成供貨關係,比如戴爾計算機公司與上游的芯片和主板製造商就是通過這種方式進行合作的。類似的還有長虹集團（見圖 2-2）。

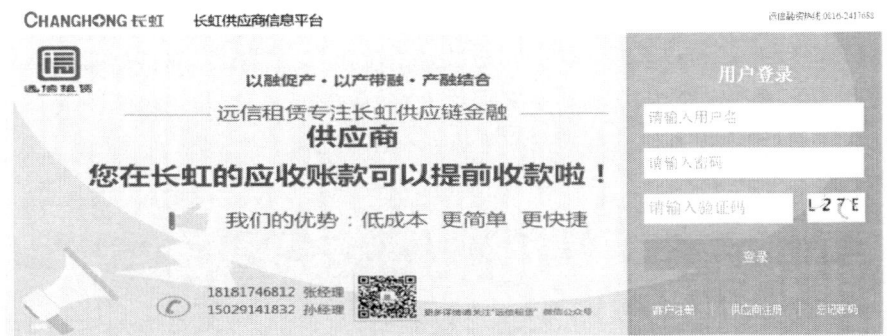

圖 2-2　長虹供應商信息平臺

這一類網站是企業自己建立的網站。通過這種電子商務模式,原材料供應商、生產商與經銷商之間可形成供產銷關係,比如海爾與其供貨商、思科與其分銷商之間進行的交易。

這種 B2B 電子商務模式交易流程如下：

第一步,供應商將產品目錄發布在 B2B 網站上,供所有採購商查看。

第二步,採購商登錄查看產品信息,採集要購買的產品。

第三步,採購商把產品放入購物車,填寫訂購信息並確認,從而建立新訂單以及詢價單。

第四步,針對採購商的詢價單,供應商進行相關商品報價。

第五步,根據供應商的報價,採購商生成洽談單,雙方進行洽談。

第六步,如果採購商滿意產品的價格,雙方簽訂電子合同,並據此生成訂購單。

第七步,供應商處理訂單後,交給採購商確認,經過二次確認的訂單就可以生成銷售單。

第八步,支付結算,完成交易。

這種電子商務模式可幫助企業減少供應商的數量,降低訂單處理成本,縮短處理週期,減少處理人員,同時增大處理的訂單數量,加強業務夥伴關係。

17

4 面向中間交易市場的水平 B2B

面向中間交易市場模式也稱水平 B2B，它是將各個行業中相近的交易過程集中到一個場所和平臺，為企業的採購方和供應方提供交易的機會，如阿里巴巴、慧聰網（見圖 2-3）、中國化工網、環球資源網等。這一類網站其實既不是擁有產品的企業，也不是經營商品的商家，而是介於買賣雙方之外的第三方，它只提供一個平臺，在網站上將銷售商和採購商匯集到一起，採購商可以在其網站上查到供應商的有關信息和銷售商品的有關信息，供應商也可以在這個平臺上查看採購商發布的採購信息。

圖 2-3 慧聰網

這種 B2B 電子商務模式交易流程如下：

第一步，供應商把產品目錄發布在 B2B 交易平臺上，供所有採購商查看。

第二步，採購商也可以把求購信息發布在 B2B 交易平臺，供供應商查看。

第三步，採購商和供應商通過 B2B 詢價、報價，進行洽談。

第四步，雙方簽訂電子合同，並據此生成訂購單。

第五步，供應商處理訂單。

第六步，支付結算，完成交易。

這種電子商務模式可幫助企業獲取更多的產品信息，降低交易成本，拓寬市場，因此越來越受到中小企業的歡迎。

專項二　電子商務模式

思考與練習

1. 瀏覽阿里巴巴、慧聰網和環球資源網，比較這些網站有哪些異同。
2. B2B 電子商務的實施包括哪些方面？
3. 尋找兩個企業開展 B2B 電子商務的失敗案例，並進行分析和研究，總結經驗和教訓。
4. 試述 B2B 電子商務企業是如何建立誠信機制的。

主題 2　B2C 電子商務模式

 主題引入

圖 2-4、圖 2-5、圖 2-6、圖 2-7 所示為目前國內典型的採用 B2C 電子商務模式開展經營的網站，分別是天貓、京東、唯品會、當當網。請同學們瀏覽上述網站，學習 B2C 電子商務交易模式的基本知識。

圖 2-4　天貓

19

電子商務專項技能實訓教程

圖 2-5　京東

圖 2-6　唯品會

圖 2-7　當當網

專項二　電子商務模式

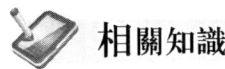 相關知識

1　B2C 的含義

B2C 電子商務模式即企業通過互聯網為消費者提供一個新型的購物環境——網上商店，消費者通過網絡購物並在網上支付。B2C 電子商務最重要的特點是能夠繞過仲介（如銷售商、批發商或經銷商）建立與客戶的直接關係，能有效地向客戶提供價格優惠的優質商品和優質服務。因此，B2C 電子商務網站遍布各種類型的商業中心，提供鮮花、書籍、計算機、汽車等各種消費商品和服務，這種模式節省了客戶和企業的時間和空間，大大提高了交易效率。

2　認識 B2C 電子商務的組成

B2C 電子商務有三個基本組成部分：為客戶提供在線購物場所的購物網站，負責為客戶所購商品進行商品配送的物流配送系統，負責客戶身分的確認、貨款結算的銀行和認證系統。

2.1　購物網站

購物網站也稱網上商場或虛擬商場，是商家直接面向消費者的場所。購物網站上展示了琳琅滿目的商品圖片、價格、簡介等商品信息。

2.2　物流配送

物流配送是購物網站將網站商品的實物送到客戶手中的過程。商家根據配送距離的不同可選擇不同的配送方式，近距離（本市範圍內）可採用直接送貨方式，遠距離可利用 EMS 或其他第三方物流。

2.3　支付結算

在傳統的商業活動中，消費者使用現金、支票或信用卡購物。在快餐店，消費者通常使用現金付款。如果在折扣商店購買電器，消費者往往使用信用卡。在支付帳單時，消費者可能會寄出支票。網絡世界中的情況就不同了，電子商務的出現帶來了許多新的金融需求，而很多情況下，傳統的支付系統無法滿足這些需求。例如，網上個人之間的拍賣，這類新型的購買關係就需要採用對等網絡支付手段，讓個人可以通過電子郵件方式進行支付。消費者可從網上下載收費的流行歌曲，這類新型的網上信息產

要求採用新型支付方式進行支付。電子商務技術為創建可代替現有支付系統並提高系統性能的新系統帶來了極大的可能性。

在國外，大部分網上購物是通過信用卡進行支付的；在國內，大部分網上購物則分別使用貨到付款、匯款和電子支付方式。電子支付可以節約處理費用，同時降低紙張成本。

2.3.1 貨到付款

這是最簡單、最原始的付款方式，適用於不經常購物的上網者。貨到付款方式有時可能會造成貨到不付款等糾紛，不利於大規模地開展業務。

2.3.2 匯款

這種支付方式是指客戶在完成訂貨後，通過郵政系統或銀行系統匯款，當商家接到匯款後，再將商品發給客戶。但這種支付方式存在缺點，即客戶需要購物完成後再去一趟郵局，且匯款還得支付匯款費，這使得網上購物的便利不復存在。

2.3.3 電子支付

用戶用銀行卡或者信用卡通過網上銀行支付貨款，方便、及時、安全。這是現在主流的網上支付方式，應該大力推廣。只有大力推廣在線支付，才能更好地推廣網上銷售業務。關於支付安全問題，我們將在後續章節做詳細的講解。

2.3.4 安全認證

安全認證包括消費者確認及支付確認。在 B2C 電子商務模式中，消費者身分確認大多採用電話和電子郵件方式，通過 CA 認證中心進行身分確認。由於操作技術的複雜性，這種安全認證方式目前在國內還不十分普及。

由於 B2C 這種模式節省了客戶和企業的時間和空間，大大提高了交易效率，適應了現代社會發展的特點，因而近年來取得了長足發展。

3 瞭解 B2C 電子商務的經營模式

商業模式，有時也稱為業務流程，是企業為了在市場中獲得利潤而規劃好的一系列活動。商業模式是企業商業計劃的核心。商業計劃是一份描述企業業務模式的文檔。電子商務業務模式是以利用和發揮互聯網和萬維網的特性為目標的經營模式。電子商務的主要特點之一在於它允許建立新的經營模式。也就是說，電子商務允許某企業為獲取收入以維持經營而採

專項二　電子商務模式

用新的開展業務的方式。

B2C 電子商務經營模式可分為實物商品的 B2C 電子商務模式和數字化商品的 B2C 電子商務模式。

3.1　實物商品的 B2C 電子商務模式

實物商品指的是傳統的有形商品，這種商品和勞務的支付不是通過計算機的信息載體，而是通過傳統的方式來實現的。雖然目前在互聯網上所進行的實物商品的交易仍不十分普及，但還是取得了很大的進步，網上成交額有增無減。

網上實物商品銷售的特點主要是網上在線銷售的市場擴大了。與傳統的店鋪市場銷售相比，網上銷售可以將業務伸展到世界各個角落。例如，美國的一種創新產品「無蓋涼鞋」，其網上銷售的訂單有 2 萬美元是來自南非、馬來西亞和日本。一位日本客戶向坐落在美國紐約的食品公司購買食品，付出的運費相當於產品的價值，然而客戶卻非常滿意，因為從日本當地購買相同的產品，價格更昂貴。

3.1.1　虛擬商家

虛擬商家屬於單一營銷渠道的網上企業，收入幾乎全部來自網上銷售。虛擬商家的支持企業一般無須負擔建立和維護實體店面的成本，但負擔建立和維護網站和開展營銷所需的開支。此外，虛擬商家獲取客戶的成本也非常高。與其他零售企業一樣，虛擬商家的利潤很低。因此，虛擬商家必須達到足夠高的營運效率才能保證獲得利潤，同時必須盡快打響品牌，以吸引到足夠數量的客戶，才能彌補經營成本。主題引入中的當當網、京東商城是虛擬商家的典型代表。

3.1.2　鼠標加水泥型電子零售商

在線零售店，通常稱為電子零售商，其規模外觀各異，既有像亞馬遜、上海華聯超市、蘇寧電器這樣的網上巨人，也有僅僅只有一個 Web 站點的本地小商店。除了客戶需要通過互聯網來查看庫存、下訂單外，電子零售商更像是傳統的店面。有時，人們把一些電子零售商稱為鼠標加水泥型電子零售商，認為其是對現有實體店面的補充。其和實體店面銷售的是同樣的產品，不同的是其既將實體店面作為主要零售渠道，又會在網上出售商品。

鼠標加水泥型電子零售商是將先進的網絡技術與傳統優勢資源相結合，利用先進的信息技術提高傳統業務的效率和競爭力，實現真正的商業

利潤的一種運作模式。傳統業務的運作模式存在著效率低、成本高、對市場的反應速度慢、市場覆蓋面有限等種種弊端。通過實施企業的電子化、網絡化管理，可以全面監控下游客戶每日的進、銷、存情況，及時補貨，讓上游的供應商及時知道企業原料的庫存情況，及時補充，將存貨量保持在最低水平；可以為企業提供新的業務增值，提升客戶的滿意度與忠誠度，更好地服務於客戶，同時吸引新客戶。本質上講，通過實施解決方案，無論新、老客戶都會從企業建立的服務活動中得到利益，企業也會產生新的業務增值，並降低成本。

3.1.3 直銷（Direct Marketing）

直銷商繞過了傳統零售商店，直接從消費者那裡獲得訂單。另外，直銷商可能從製造商那裡直接購買產品，從而繞過了傳統批發商。網絡為直銷商和客戶提供了一種嶄新的交互方式。

製造商直銷屬於鼠標加水泥模式中的直銷，是互聯網營銷（Internet Marketing）的一種模式，其目的是利用Web及傳統渠道與客戶建立積極的、長期的關係，使企業可以對自己的產品和服務收取比競爭對手更高的價格，從而獲得競爭優勢。戴爾公司成功地在互聯網上將計算機銷售給數百萬名消費者並賺取利潤，從而使自己成為世界上最成功的電子零售商之一，這便是最好的證明。

3.2 數字化商品的B2C電子商務模式

3.2.1 網上訂閱模式

網上訂閱模式指的是企業通過網頁安排向消費者提供網上直接訂閱，消費者直接瀏覽信息的電子商務模式。網上訂閱模式主要被商業在線機構用來銷售報紙雜誌、有線電視節目等。大部分在線付費瀏覽電影的網站都屬於這種形式。

3.2.2 付費瀏覽模式

付費瀏覽模式指的是企業通過網頁安排向消費者提供計次收費性網上信息瀏覽和信息下載的電子商務模式。付費瀏覽模式讓消費者根據自己的需要，在網址上有選擇地購買一篇文章、一章書的內容或者參考書的一頁。在數據庫裡查詢的內容也可付費獲取。萬方數據等一些瀏覽文獻或者論文的網站都採用付費瀏覽形式。另外，一次性付費參與游戲娛樂將會是很流行的付費瀏覽方式之一。

專項二　電子商務模式

3.2.3　廣告支持模式

廣告支持模式是指在線服務商免費向消費者或用戶提供信息在線服務，而營業活動全都由廣告收入支持。此模式是目前最成功的電子商務模式之一。由於廣告支持模式需要上網企業的廣告收入來維持，因此該企業網頁能否吸引大量的廣告就成為該模式能否成功的關鍵。

能否吸引網上廣告主要靠網站的知名度，知名度又要看該網站被訪問的次數。廣告網站必須對廣告效果提供客觀的評價和測度方法，以便公平地確定廣告費用的計費方法和計費額。搜狐和網易等大型網站都屬於這種形式。

3.2.4　網上贈予模式

網上贈予模式是一種非傳統的商業運作模式，是企業借助於互聯網用戶遍及全球的優勢，向互聯網用戶贈送軟件產品，以擴大企業的知名度和市場份額。企業通過讓消費者使用該產品，讓消費者下載一個新版本的軟件或購買另外一個相關的軟件。由於所贈送的是無形的計算機軟件產品，而消費者是通過互聯網自行下載，因而企業所投入的分撥成本很低。因此，如果軟件確有其實用特點，那麼消費者很容易接受。例如，太平洋下載網就是以這種網上贈予的方式吸引消費者的。

3.2.5　門戶網站（Portal）

門戶網站是指在一個網站上向用戶提供強大的 Web 搜索工具以及集成為一體的內容和服務，如新聞、電子郵件、即時消息、日曆、音樂下載等的應用系統。雅虎、MSN 都是典型的門戶網站。門戶網站的收入主要來自於向廣告客戶收取網上的廣告占位費、收取將消費者引向其他網站的推薦費，以及提供優質服務的費用。

3.2.6　內容提供商（Content Provider）

內容提供商通過網絡發布信息內容，如數字化的新聞、音樂、照片、影片以及藝術品。付費檢索是 B2C 電子商務的第二大收入來源。越來越多的互聯網用戶上網是為了獲得信息，而不是購買產品，因此，內容提供商通過向訂閱者收取訂閱費來盈利成為可能。當然，並不是所有的網絡內容提供商都收費，許多報紙和雜誌的在線版都不收費，用戶不需要付錢就可以在這些網站上瀏覽新聞和其他信息。

3.2.7　交易經紀模式（Transaction Broker Model）

交易經紀模式指通過電話或郵件為消費者處理個人交易的網站的電子

商務模式。採用這種模式最多的是金融服務、旅遊服務以及職業介紹服務。在線股票經紀人模式，如 E*Trade.com、TD Ameritrade.com 已經從股票零售交易市場上獲得了 20% 的份額。在線交易經紀的價值主要體現在節省時間和金錢上。在線股票經紀人收取的佣金一般要比傳統經紀人收取的佣金低得多。很多在線股票經紀人還提供實在的交易好處，如現金折返和一定數量的免費交易，以吸引新客戶。此外，大多數交易經紀模式還提供及時的信息和建議。例如，像 Monster.com 為尋找工作的人提供了一個可以發揮自己才能的、全國性的市場，同時向雇主提供全國的人才市場信息，無論是雇主還是找工作的人都會被網站提供信息的方便性和及時性所吸引。

3.2.8 市場創建者（Market Creator）

市場創建者建立了一個數字化的環境，使得買賣雙方能夠在此「會面」，展示產品、檢索產品、為產品定價。一個最典型的例子就是 Priceline.com，消費者可以在這一市場空間為自己願意支付的各種旅遊膳宿和其他產品定價。另外一個例子是 eBay.com，它是一個同時為企業和消費者提供服務的在線拍賣網站，為買賣雙方建立一個協商價格，以進行數字化交易。

3.2.9 服務提供商（Service Provider）

服務提供商提供在線服務。有些在線服務是收費的，而有些則通過其他途徑，如通過廣告或通過收集對直銷有用的個人信息獲利。服務提供商的基本價值體現在向消費者提供了比傳統服務更有價值、更便利、更省時、成本更低的服務。

許多服務提供商提供的服務都與計算機有關，例如利用網絡提供信息存儲、利用網絡提供諮詢服務。

服務種類的多樣性使服務提供商擁有的市場機會巨大，並與實際商品的市場機會一樣有潛力。人們生活在基於服務的經濟與社會中，消費者不斷增長的對於便利產品和服務的需求，給當前和未來的服務提供商展示了很好的發展前景。

3.3 綜合模式

實際上，多數企業網上銷售並不僅僅採用一種電子商務模式，而是採用綜合模式，即將各種模式結合起來實施電子商務。中國的工商銀行網站就是這一模式的代表。在工商銀行的網站上，有工行商城的實體商品，也有定制天氣預報、股票行情等金融信息的無形商品，更提供在線投保、電子客票等服務。

專項二　電子商務模式

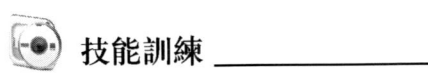　技能訓練

在當當網購買部分學習書籍,完成一次購物體驗。

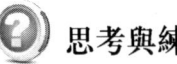　思考與練習

1. B2C 電子商務網站需要具備哪些業務功能？
2. 傳統零售業開展 B2C 存在哪些障礙？
3. 簡述 B2C 電子商務的購物流程。
4. 試比較當當網與亞馬遜中國的不同點。

 主題 3　C2C 電子商務模式

 主題引入

在前面的兩個主題中,我們已經學習了 B2B 和 B2C 兩種電子商務交易模式。在本主題中,我們將學習 C2C 電子商務交易模式的基本內容,並瞭解中國目前 C2C 電子商務的發展現狀和開展 C2C 電子商務交易的基本內容。

 相關知識

1　C2C 的基本含義

C2C 是消費者與消費者之間的電子商務,通俗地講,就是個人與個人之間通過網絡進行交易的電子商務類型。現在大家非常熟悉的淘寶網(見圖 2-8)就是典型的 C2C 電子商務網站。

27

圖 2-8　淘寶網

　　C2C 電子商務的特點是消費者與消費者討價還價進行交易。實踐中，C2C 較多的是進行網上個人拍賣，如易趣網（www.eachnet.com）是中國第一個真正的個人物品競標網站。易趣網提供一個虛擬的交易場所，就像一個大市場，每一個人都可以在市場上開出自己的「網上商店」，不用用戶事先交付保證金。易趣網憑藉獨有的信用度評價系統，借助所有用戶的監督力量來營造一個相對安全的交易環境，使買賣雙方能找到可以信任的交易夥伴。在易趣網上可以交易許多物品，大到計算機、電視，小到郵票、電話卡。在易趣網上，個人可以 24 小時自由地賣出、買入各種物品。

2　C2C 電子商務平臺的功能

2.1　為買賣雙方進行網上交易提供信息交流、信息發布、信息獲取的平臺

　　C2C 電子商務是將傳統的商業領域從 B2B 和 B2C 擴展到了 C2C，而 C2C 電子商務網站為打算上網進行物品買賣的人們提供了一個發布和獲取信息的平臺。C2C 交易平臺允許賣家在平臺上發布待出售的物品的信息，允許買家瀏覽和查找別人擬出售的物品的信息，也允許買賣雙方進行交流。因此，C2C 電子商務平臺是為買賣雙方進行網上交易提供信息交流、信息發布、信息獲取的平臺。

　　此外，C2C 電子商務網站剛剛出現的時候，主要是提供「拍賣」服務。買家在網站上進行競價，在規定時間內出價最高的買家獲得商品或服務。然而，隨著發展，現在 C2C 電子商務網站除了提供物品拍賣服務外，

專項二　電子商務模式

同時也提供一口價買賣（即待出售的物品的價格是固定的）、網上商城（即模擬傳統的商城，聚集了大量的品牌專賣店）、團購（即多個買家聯合起來購買同一件物品）等多種信息服務，以便更全面地滿足不同賣家和買家的需求。

2.2　為買賣雙方進行網上交易提供一系列配套服務

C2C 電子商務網站為買賣雙方進行網上交易提供信息交流平臺，同時，C2C 電子商務網站也為買賣雙方進行網上交易提供一系列配套服務，使得交易能夠順利地進行並且最大限度地發揮網上交易的優勢。例如，引入一個第三方的支付平臺，或為其用戶提供便捷的通信工具（一般包括留言、電子信件、聊天工具、語音通信工具等）。

3　C2C 電子商務交易過程

C2C 電子商務交易一般過程如下：

◆ 交易者登錄 C2C 網站。
◆ 賣方發布拍賣商品的信息，確定起拍價、競價階梯、截止日期等信息。
◆ 買方查詢商品信息，參與網上競價。
◆ 買賣雙方成交，買方付款，賣方交貨，交易完成。

各 C2C 交易平臺的交易過程基本都是如此。

4　C2C 電子商務盈利模式

現在我們以第一家拍賣網站 eBay 為例，介紹 C2C 電子商務的盈利模式。

目前，eBay 的收入主要來自其三大業務部門：交易平臺、網上支付和通信服務。

4.1　交易平臺

交易平臺作為 eBay 最核心的業務，是 eBay 最主要的收入來源。交易平臺的收入主要來自對交易平臺各項服務的收費，具體包括以下幾項：

4.1.1　商品登錄費（Insertion Fees）

如要在 eBay 上發布一個待售的物品，必須繳納商品登錄費。商品登錄費是基於物品的定價或拍賣起價而言的。不過，對於一些特殊的商品，商品登錄費的收費標準會有所不同。例如，「商業及產業固定設備」類商品的登錄費一律為 20 美元。

4.1.2 商品成交費（Final Value Fee）

如果發布的商品成功出售，那麼還需向 eBay 繳納商品成交費。這一費用基於商品最低成交價格和售出件數而言。

4.1.3 交易服務費（Transaction Services Fee）

這一費用主要針對在 eBay Motors 上出售車輛的人。一旦有人出價不低於商品底價的時候，不管商品售出與否，商品的所有者都需要支付交易服務費。不過，商品所有者在支付了交易服務費以後，即使後來商品售出，也不需再支付其他費用了。

4.1.4 店鋪費（Subscription Fee）

eBay 上店鋪的擁有者，每月需要根據店鋪的等級向 eBay 支付一定的費用。

4.1.5 分類廣告費（Classified Ad Fee）

當商品所有者使用分類廣告的方式在 eBay 上發布了一個物品時，就需要繳納分類廣告的商品登錄費。

4.1.6 陳列改良費（Listing Upgrade Fees）

如果想讓物品陳列形式更好或被陳列更長的時間，可以支付相應的陳列改良費來達到目的。

4.1.7 圖片服務費（Picture Services Fees）

eBay 提供多圖片上傳、圖片預覽、展示大圖等多種圖片服務，其提供的圖片服務需收取相應的費用。

4.1.8 賣家工具費（Seller Tool Fees）

eBay 提供各種賣家工具，用戶租用賣家工具需按 eBay 的收費標準付費。

4.1.9 底價設置費（Reserve Fee）

賣家登錄 eBay 的時候，可以選擇給自己的商品設置一個底價，也就是可以接受的最低售價，當最後的成交金額低於這個底價的時候，交易無效。這個底價設置費是可選的，而且成交的話可以退還。eBay 按一定的收費標準收取底價設置費。

4.1.10 立即購買費（Buy It Now Fee）

賣家為了盡快出售物品，可以選擇為物品設一個固定價格，或者給在線拍賣的物品添加一個立即購買的選項。這樣做就需要向平臺繳納立即購買費。

4.2 網上支付

在 eBay 網站上，使用 PayPal 的用戶還需支付相應的費用（PayPal

專項二　電子商務模式

Fees）。這可以看成是 eBay 對交易平臺的配套服務——網上支付服務所收取的費用。這些費用是通過用戶的 PayPal 帳戶來收取的，而不是通過 eBay 帳戶。PayPal 費用雖然也和交易密切相關，但其又是相對獨立的。PayPal 是 eBay 旗下的公司，成立於 1998 年，致力於使擁有電子郵件地址的任何個人或企業能夠安全、便捷、迅速地在線收款和付款。至 2007 年，PayPal 在全球範圍內擁有一億多名用戶。在全球 190 個國家或地區，eBay 買家和賣家、在線零售商、在線商家以及傳統的線下商家，都在使用 PayPal 進行交易。也就是說，PayPal 除了為 eBay 的用戶提供網上支付服務以外，也為其他在線零售商、在線商家乃至傳統的線下商家提供相關的服務。

4.3　通信服務

eBay 的一部分收入來自 Skype 的通信服務。當初，eBay 收購 Skype 一方面是看重其擁有的大量用戶，另一方面也是為了利用 Skype 提供的網絡電話服務讓買賣雙方能通過在線語音電話或視頻電話互相聯繫，以彌補使用電子郵件溝通的不足。在收費方面，Skype 提供的免費功能包括和其他 Skype 用戶通話、Skype 視頻電話、一對一和團體文字聊天、多達 9 人的電話會議，以及來電轉接至其他 Skype 用戶名。

總的來說，eBay 的盈利模式可以概括為：以直接向用戶收取交易平臺服務費用為主，以提供配套服務並收取相應費用為輔。而這一模式能夠取得成功還得益於國外用戶具有付費的意願與能力，以及 eBay 可以依靠其先入優勢、良好的用戶體驗與完善的配套服務而領先於其他眾多的競爭對手。

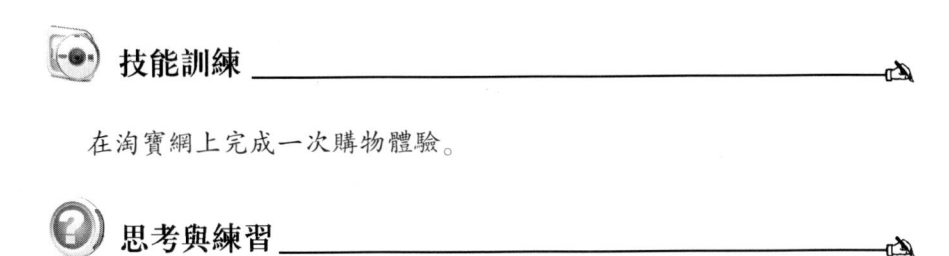

技能訓練

在淘寶網上完成一次購物體驗。

思考與練習

1. 通過瀏覽淘寶網和易趣網，比較這些網站的異同。
2. C2C 電子商務網站需要為顧客提供哪些功能？
3. C2C 電子商務網站需要具備哪些業務功能？
4. 簡述 C2C 電子商務的購物流程。
5. C2C 電子商務網站有哪些收入方式？

主題 4　C2B 電子商務模式

主題引入

隨著網絡經濟的不斷創新，除了傳統的三大電商模式，又演變出一種新的電商模式——C2B。C2B 電商模式到底有哪些創新？

相關知識

1　C2B 基本概念

C2B 是互聯網經濟時代新的商業模式。這一模式改變了原有生產者（企業和機構）和消費者的關係，是一種消費者貢獻價值（Create Value）、企業和機構消費價值（Customer Value）的模式。C2B 模式和我們熟知的供需模式（Demand Supply Model，DSM）恰恰相反。

真正的 C2B 應該先有消費者需求產生，後有企業生產，即先有消費者提出需求，後有生產企業按需求組織生產。通常情況為消費者根據自身需求定制產品和價格，或主動參與產品設計、生產和定價。產品、價格等彰顯消費者的個性化需求，生產企業進行定制化生產。

C2B 的核心是以消費者為中心，讓消費者當家做主。從消費者的角度來看，C2B 產品應該具有以下特徵：第一，相同生產廠家生產的相同型號的產品，無論通過什麼終端渠道購買，價格都應該一樣，也就是全國一個價，渠道不掌握定價權（消費者平等）；第二，C2B 產品價格組成結構合理（拒絕暴利）；第三，渠道透明（拒絕山寨）；第四，供應鏈透明（品牌共享）。

2　C2B 電商模式特點

◆ C2B 的營銷概念，即是將龐大的人氣和用戶資源（Customer）轉化為對企業（Business）產品和品牌的注意力，轉化為企業迫切需要的營銷價值，並從用戶的角度出發，通過有效的整合與策劃，改變企業營銷內容及形式，從而形成與用戶的深度溝通和交流。

專項二　電子商務模式

◆ 召集眾商家合作營銷，給顧客更多的選擇。可以根據顧客的喜好為其定做商品或服務。

◆ 要約，即買家發布需要什麼樣的商品、價格、大小、樣式等構成要約的條件，讓企業來找自己，從而實現雙贏。

◆ 聚合分散的數量龐大的客戶群，形成一個強大的採購集團，扭轉以往一對一的劣勢出價地位，享受批發商的價格優惠。

◆ 客戶個性化定制產品，邀約廠商生產，實現以客戶需求為引擎，倒逼企業「柔性化生產」的局面。廠商也可以以銷定產、降低庫存，同時減少銷售環節、降低流通成本。

3　模式分類

按定制主體和定制內容兩個維度將 C2B 分為五類，分別是群體定制價格、個體定制價格、群體定制產品、個體定制產品和混合型（見圖 2-9）。

	價格	產品
個體	個體定制價格	個體定制產品
群體	群體定制價格	群體定制產品

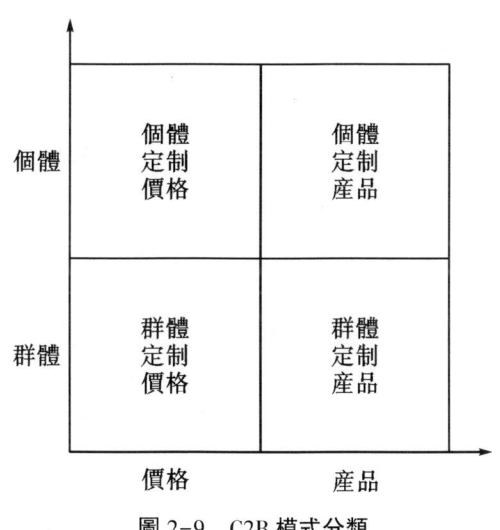

圖 2-9　C2B 模式分類

專項三　電子商務平臺選擇

　　作為企業，如果想充分利用現代化、信息化、網絡化的手段實現企業的電子商務營運，可以採用的方法有很多種，例如可以建立網站（如可口可樂公司便設立了網站）宣傳企業信息、展開營銷推廣、進行產品介紹，以加強與客戶的有效互動。當然，企業也可以選擇建立具有在線銷售功能的網站，來拓寬企業的銷售渠道，如聯想公司的網站。然而，對於眾多的中小型企業而言，建立自主的網站有時候需要大量資金和人員的投入。此時，借助第三方電子商務平臺，是一種不錯的選擇。這些電子商務平臺有付費的，也有免費的，提供的功能有企業信息註冊、產品發布、網絡營銷、在線交流等，可以很好地滿足中小企業電子商務的需求。

　　中國許許多多的電子商務平臺紛紛推出，讓企業目不暇接。面對紛繁複雜的電子商務網站，企業感到無所適從，不知該選擇哪些電子商務網站。所以許多企業認為，應盡量在多個電子商務網站註冊會員，發布產品和供求信息，以求獲得更多的客戶和訂單。然而，這些企業卻沒有得到自己想要的效果。企業若要借助電子商務網站產生效益，必須清醒地認識到網絡和電子商務的發展現狀，搞清楚電子商務網站平臺的運作機理和使用方法，並及時調整電子商務戰略。

專項三　電子商務平臺選擇

主題 1　自建電商平臺

主題引入

對於較有實力的企業而言，可以建立自己的網站開展電子商務。例如，蘇寧電器便通過建立自己的網上商城實現在線銷售（見圖 3-1）。

圖 3-1　蘇寧易購

一個成功的電子商務網站建立在合理的規劃基礎上。網站規劃是網站建設的基礎和指導綱領，決定了一個網站的發展方向，同時對網站推廣也具有指導意義。網站規劃的主要意義就在於樹立網絡營銷的全局觀念，將每一個環節都與網絡營銷目標結合起來，增強針對性，避免盲目性。

相關知識

電子商務網站的規劃是電子商務網站建設的重要步驟，決定了網站的發展方向。網站規劃的好壞，直接影響著企業電子商務網站實施的成敗。

1　明確建設電子商務網站的目的

網站建設的目的是為了開展網絡營銷，因此應該用全局的觀念來看待

電子商務專項技能實訓教程

網站規劃。網站規劃的主要意義就在於樹立網絡營銷的全局觀念，將每一個環節都與網絡營銷目標結合起來，增強針對性，避免盲目性。

2 電子商務網站規劃的原則

電子商務網站是企業開展電子商務的基礎設施和信息平臺。為了實現網站商務功能最大化的目標，給受眾群體提供方便、實用的信息服務，在網站規劃時應遵循如下幾個原則：

2.1 目的性和用戶需求原則

電子商務網站是展現企業形象、介紹產品和服務、體現企業發展戰略的重要平臺。要開展電子商務，建立電商網站，就應該清楚網站供哪些人瀏覽，要提供哪些內容，提供怎樣的服務，達到什麼效果等。因此，企業必須掌握目標市場、受眾群體的情況，結合消費者的需求、市場狀況、企業自身的情況等進行綜合分析，做出切實可行的規劃。

2.2 易用性和實用性原則

伴隨著人們對網站用戶體驗的關注度的普遍上升，網站易用性建設已不是一個新鮮的話題。歐美電子商務網站普遍重視網站易用性建設，已開始系統研究易用性思想。國內領先、成功的網站也都重視網站用戶體驗，其中，騰訊、淘寶、百度、阿里巴巴等知名網站走在了國內網站的前列。

實用性是指網站所提供的各項信息、服務的內容要實用，能夠與訪問者實現交互，能夠真正為用戶帶來方便，而不應片面追求頁面美觀。國內對電子商務發展高度重視的行業，如銀行業、航空業、金融業等，都十分注重網站的實用性，力求做到讓用戶足不出戶就可以通過網站辦理大量的業務。

2.3 先進性、可靠性、安全性和可擴展性

網站設計作為網站規劃的一個重要組成部分，應注重設計的先進性、可靠性和安全性。

先進性是指立足先進技術，以最先進的觀點和設計思路，設計出具有先進性的網站系統，使其達到國內乃至國際領先的水平。此外，先進性還體現在網站信息內容要具備特色，做到新、精、專。

可靠性指電子商務網站正常運作後，能夠提供全年 24 小時不間斷服務，為用戶提供穩定運行保障。

安全性指網站在互聯網上執行的任何程序或提供的任何服務都是安全

專項三　電子商務平臺選擇

的、有保障的，能夠有效防範黑客的攻擊、病毒的侵襲，能夠保證網站客戶資料不被洩露，為業務及商務提供安全環境。

可擴展性指根據實際業務量的擴大而擴大的能力。隨著電子商務網站平臺業務量的擴大和訪問量的增長，系統應該能夠具有很強的擴展能力，以適應新業務的發展和用戶數量的增加。

3　電子商務網站規劃的內容

根據不同的需要和側重點，網站的功能和內容會有一定差別，但網站規劃的基本思路是類似的。一般而言，網站規劃應注重如下幾方面：

3.1　網站定位

在規劃站點設計之初，需要考慮建設網站的目的是什麼，為誰提供產品和服務，能提供什麼樣的產品和服務，產品和服務適合什麼樣的表現方式，以對網站的整體風格和特色做出定位。對此，可以從以下幾方面加以考慮：

（1）明確建立網站的目的：是局限於簡單宣傳公司和產品，還是實現網絡銷售功能；是企業需要還是市場需求。

（2）明確電子商務方式所占的比例：所有業務均通過電子商務方式進行，還是只有一部分業務通過電子商務方式進行，其所占比重有多大。

（3）網站當前的規模及其擴展性。

3.2　功能設計

網站功能設計要基於對產品的自身定位、資源優勢以及相關的市場調研結果。網站功能包括會員註冊、登錄、留言、網絡訂單、在線交互功能，以及一定的搜尋服務功能等。

3.3　風格設定

站點的風格能夠展示企業形象、介紹企業的產品和服務、體現企業的發展戰略。企業應根據消費者的需求、市場的狀況、自身的情況等進行綜合分析，牢記以消費者為中心，而不是以藝術效果為中心進行網站風格的設定。

3.4　內容架構

要想將網站建設成一個對消費者有吸引力的電子商務網站，網站信息內容的確定是成功的關鍵。網站上與主題相關的信息內容越豐富，登錄上網的瀏覽者就越多，網站給瀏覽者留下的印象也就越深刻。

4 電子商務網站規劃的流程

在建立電子商務網站前，應明確建設網站的目的，進行必要的市場分析，確定網站的功能規模、預算投入費用等。有了詳細的規劃，才能避免網站建設中可能出現的很多問題，網站建設才能順利進行。電子商務網站規劃流程可分為以下九個階段：

4.1 調查分析階段

這一階段，電子商務企業確定建站需求，專業策劃人員對電子商務企業的經營環境、行業背景、服務對象等進行全面的調查分析。這一階段的主題是確定網站建設的目標、實施策略和建站資源等。

4.2 網站功能定位階段

根據調查所得到的結果，確定網站建設目標，進而確定網站的功能。網站的功能是為用戶提供服務的基本表現形式，體現了一個網站的核心價值。一般而言，電子商務網站根據功能和要求的不同，可分為產品宣傳型、網上營銷型、客戶服務型、電子商務型等。企業應根據網站建設目標合理定位，確定網站應實現的功能。

4.3 內容組織階段

應根據網站的目的和功能組織網站內容。產品宣傳型和網上營銷型網站，一般包括公司簡介、產品介紹、服務內容、價格信息、聯繫方式、網上訂單等基本內容；客戶服務型和電子商務類網站一般要提供會員註冊、詳細的商品服務信息、信息搜索查詢、訂單確認、網上付款、相關幫助等功能和內容。

4.4 總體設計階段

這一階段，網站設計專業人員根據網站功能定位和相關材料對網站進行總體設計。這一階段的主題是企業網上形象設計、網站風格設計、網站結構和佈局設計、網頁欄目設計、關鍵字位置和重複率、媒體設計製作技術的選擇、信息連結、更新方法等。

4.5 具體製作階段

這一階段，根據網站的功能定位和總體設計，確定網站技術解決方案，完成網站（頁）的製作。其中，應重點考慮下列幾方面：

(1) 是採用自建網站服務器，還是租用虛擬主機。

(2) 選擇操作系統，分析投入成本、功能、穩定性、安全性等因素。

專項三　電子商務平臺選擇

（3）考慮是採用系統性的解決方案，如 IBM、HP 等公司提供的企業上網方案、電子商務解決方案，還是自行開發方案。

（4）採取網站安全性措施，確定防黑、防病毒方案。

（5）考慮採用何種網頁程序，如 ASP（X）、JSP、PHP、CGI 等。交互的程序應有前臺展示和後臺管理兩部分。

（6）應有網頁的整體佈局、風格、著色、信息內容等。

4.6　系統全面調試階段

這一階段是將製作好的網站進行性能方面的全面測試，對網站內容進行校對和調整，以確保將來網站運行時的安全性、可靠性和準確性。

4.7　運行、發布階段

在這一階段，選擇並註冊合適的域名，解析至服務器，將做好的網站上傳至服務器，並進行必要的設置，如綁定域名等。要對網站上的所有功能進行測試，將其性能調整到最佳狀態。

4.8　網站推廣

網站推廣是網絡營銷的主要內容。可以說，大部分的網絡營銷活動都是為了推廣網站，例如發布新聞、搜索引擎登記、交換連結、網絡廣告等。網站推廣活動一般發生在網站正式發布之後，當然也不排除一些網站在籌備期間就開始宣傳的可能。

4.9　後期維護運行階段

網站發布之後，還要定期進行維護，主要包括服務器及相關軟硬件的維護、網站的內容更新和調整等。

技能訓練

鄉村旅遊是旅遊業未來的一個熱點，如何讓城市消費者在鄉村找到稱心如意的「吃喝玩樂」內容非常重要。請結合自己的理解和調研結果，設計一份鄉村旅遊電子商務網站規劃書。

思考與練習

1. 電子商務網站規劃的原則有哪些？
2. 簡述電子商務網站規劃的流程。

3. 如何對一個電子商務網站進行風格設計？
4. 如何進行電子商務網站推廣？

主題 2　第三方電子商務平臺

主題引入

中小企業和大型企業進行 B2B 電子商務交易的形式不同。中小企業主要借助第三方電子商務平臺來完成在線交易。從瀏覽、收集、發布信息，到建立企業信息平臺，實施網上採購，再到參與建立行業聯合採購平臺，完善自己的供應鏈管理系統等，第三方電子商務平臺都起到了至關重要的作用。中小企業選擇第三方電子商務平臺，為其提供打包的 IT 信息及商務服務，成為中小企業電子商務發展的重要方向。

相關知識

1　第三方電子商務平臺的含義

第三方電子商務平臺，泛指為獨立於產品或服務的提供者和需求者提供認證、交易、支付、物流、信息增值業務等過程服務的開放式網絡服務平臺。當然，平臺與交易雙方都要遵守特定的交易與服務規範。

按照不同的平臺服務對象，第三方電子商務平臺可以分為 B2B 電子商務平臺、B2C 電子商務平臺和 C2C 電子商務平臺。

2　淘寶網

2.1　簡介

淘寶網是亞太地區較大的網絡零售商圈，由阿里巴巴集團在 2003 年 5 月創立。淘寶網是中國深受歡迎的網購零售平臺，擁有近 5 億的註冊用戶數，每天有超過 6,000 萬的固定訪客，同時每天的在線商品數已經超過了 8 億件，平均每分鐘售出 4.8 萬件商品。

專項三　電子商務平臺選擇

2.2　淘寶網傳奇賣家

◆ 檸檬綠茶：2003 年隨淘寶網成長的 C2C 店賣家，年均交易額達 2 億元，成為淘寶網最大的集市賣家，現有員工 300 餘名。

◆ 裂帛：2006 年誕生，2010 年銷售額達 800 萬元，2012 年其 C2C 店銷售額達 1.88 億元，天貓店銷售額達 3 億元。2013 年，裂帛收購天使之城，年銷售額突破 10 億元。

◆ 韓都衣舍：2012 年銷售額達 7 億元，2013 年突破 10 億元。

2.3　淘寶網開店準備

在淘寶網開店與傳統開店類似，需要有貨源、硬件設備等。下面為大家介紹在淘寶網開店前期需要做哪些準備。

2.3.1　硬件準備

◆ 電腦及網絡。

◆ 數碼相機：用於給商品拍照。

◆ 打印機（可選）：用於訂單及快遞單打印，前期訂單較少可以不準備。

◆ 銀行卡：需要開通網上銀行，用於開店認證和在線交易。

◆ 電子版身分證及照片。

◆ 手機號碼：需要沒有註冊過淘寶相關帳號的手機號碼。

2.3.2　貨源準備

◆ 貨源類型：服裝類、運動類、珠寶類、母嬰類、家電類、零食類等。

◆ 貨源渠道：自身貨源、廠家貨源、批發市場、阿里巴巴、品牌代理等。

2.3.3　必備知識技能

◆ 基本操作：能夠進行圖片處理、文字處理。

◆ 網上支付：熟悉網上支付流程和常見問題。

◆ 產品知識：熟悉產品才能更好地為買家做介紹。

◆ 物流知識：需要對常用物流知識有所瞭解，包括物流信息的查詢及費用等。

◆ 安全意識：因為是網絡交易，故一定要有安全意識。

2.4　開店流程

（1）首先登錄淘寶網，註冊會員，點擊「免費註冊」進入註冊頁面（見圖 3-2）。

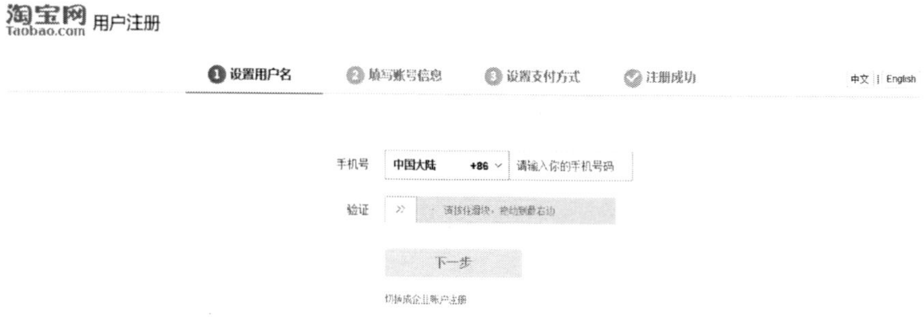

淘宝网 用戶註冊

① 設置用戶名　② 填寫賬戶信息　③ 設置支付方式　④ 註冊成功　　中文 | English

手機號　中國大陸 +86 ∨　請輸入你的手機號碼

驗證　>>　請拖往滑塊，驗證賬戶身份

下一步

切換成企業賬戶註冊

圖 3-2　淘寶網註冊頁面

（2）如實填寫資料和密碼後，進行認證。選擇手機號碼驗證方式（2016 年淘寶新規定，只能用手機號碼註冊，不能再用郵箱註冊）。填好一切資料，點擊「提交」，然後在手機上收取淘寶網發來的驗證碼，填寫驗證碼激活帳號，開店第一步就完成了。淘寶帳戶驗證頁面見圖 3-3。

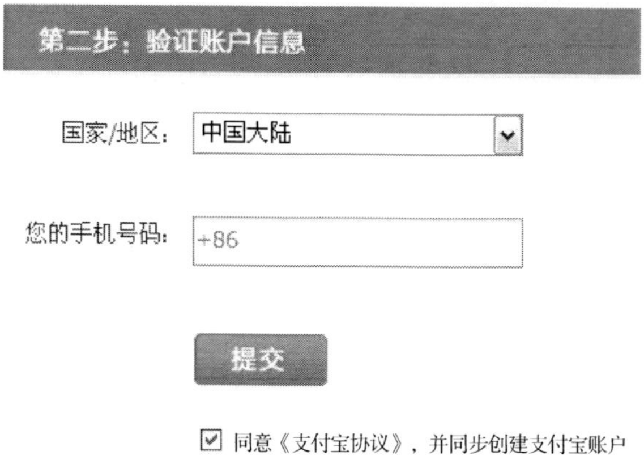

第二步：驗證賬戶信息

國家/地區　中國大陸 ∨

您的手機號碼　+86

提交

☑ 同意《支付寶協議》，並同步創建支付寶賬戶

圖 3-3　淘寶帳戶驗證頁面

（3）下載阿里旺旺在線聊天軟件。在淘寶網做生意，與買家的溝通要在阿里旺旺聊天工具上進行。阿里旺旺是賣家與買家溝通的法寶，有許多賣家功能集成在裡面，非常實用。而且在買賣過程中，如果賣家與買家有任何的糾紛，阿里旺旺的聊天記錄就是最重要的證據。另外，淘寶網官方是不承認 QQ 聊天記錄的，因此安裝阿里旺旺必不可少。阿里旺旺登錄頁面如圖 3-4 所示。

專項三　電子商務平臺選擇

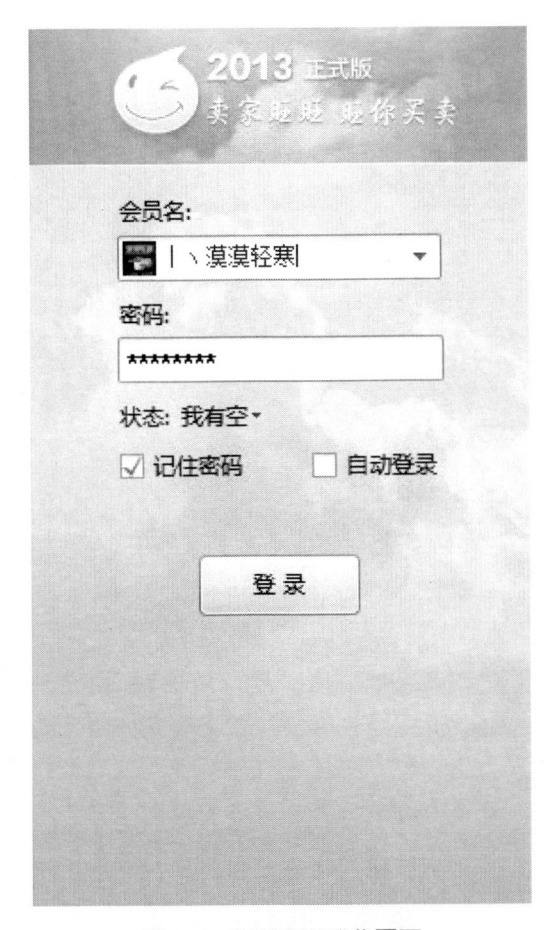

圖 3-4　阿里旺旺登錄頁面

　　（4）支付寶實名認證。淘寶帳號是與第三方支付軟件綁定的，所以必須註冊一個支付寶。登錄「我的淘寶」，按照圖 3-5 所示內容進行操作，填寫真實的姓名和身分證信息，點擊提交後，再按淘寶網的要求盡可能詳細地填寫相關信息，最後點擊提交。如果步驟沒錯，那麼認證便成功了。

43

圖 3-5　支付寶設置頁面

（5）照片認證。在完成支付寶認證後，還需要進行照片認證。照片認證的細節要求比較多，所以需要嚴格按照淘寶網的要求拍攝。身分證背面照要求字面清晰、保留邊框。手持身分證照片要求白色背景，保證手部完整，且不要修飾。半身照要求背景和著裝保持與手持身分證照片一致。拍攝好照片後便可上傳，最後提交審核，審核通過後，便成功開店了。支付寶身分認證頁面如圖 3-6 所示。

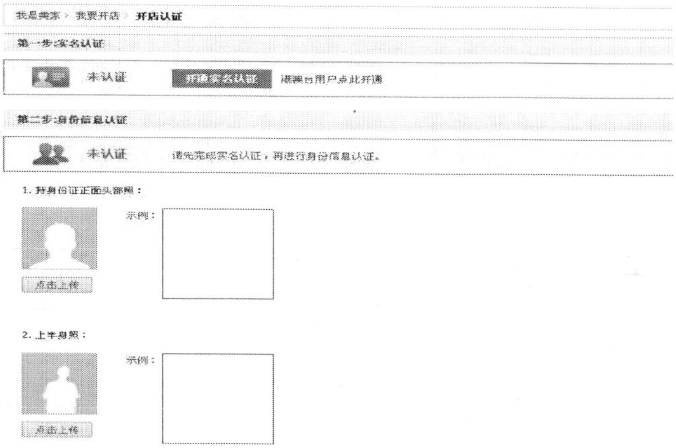

圖 3-6　支付寶身分認證頁面

專項四　電子商務交易安全

主題 1　認知電子商務交易安全問題

主題引入

21 世紀的中國，互聯網正在真實、深刻地改變著人們的生活和工作方式。據統計，目前國內萬維網網站大部分缺乏可靠的安全措施。某些網站由於沒有安裝防火牆等必要的安全設備，加上部分網管人員安全意識淡薄，網站被不法分子以同一種入侵方法入侵多次，這些都讓人們充分認識到互聯網在電子商務安全方面存在著先天不足。根據美國 FBI 的調查，美國每年因為網絡安全問題造成的經濟損失超過 170 億美元。75% 的公司報告稱財務損失是由計算機安全問題造成的，且超過 50% 的安全威脅來自內部，59% 的損失可以定量估算。只有 17% 的公司願意報告黑客入侵，而更多的公司由於擔心負面影響而未聲張。

許多商務網站受到了黑客們不同層次的攻擊，不斷出現的病毒瘋狂肆虐，使得全球成千上萬臺計算機癱瘓，嚴重地影響了企業的業務運作。在電子商務交易過程中出現的安全問題能直接導致幾十億美元的損失。

大量的電子商務活動是在公開的網絡上進行的。支付信息、訂貨信息、談判信息、機密的商務往來文件等商務信息都在計算機系統中存放、傳輸和處理。計算機詐騙、計算機病毒等造成的商務信息被竊、篡改和破

電子商務專項技能實訓教程

壞，以及機器失效、程序錯誤、錯誤操作、傳輸錯誤等造成的信息失誤或失效，都嚴重危害著電子商務系統的安全。基於互聯網的電子商務活動，對安全通信提出了前所未有的要求。本主題要求學生瞭解電子商務交易安全的基本問題和基本知識。

相關知識

安全性是影響電子商務健康發展的關鍵。如何採取高效的安全措施保證電子商務的順利展開，解決電子商務中存在的一系列安全問題，是電子商務良好運作的基礎。

1 電子商務安全概述

電子商務是一個社會與技術相結合的綜合性系統，其安全性是一個多層次、多方位的系統概念。

從廣義上講，電子商務安全不僅與計算機系統結構有關，還與電子商務應用的環境、人員素質和社會因素有關。廣義上的電子商務安全包括電子商務系統的硬件安全、軟件安全、運行安全及電子商務立法。電子商務安全也可以分為兩部分，一是計算機網絡安全，二是商務交易安全。計算機網絡安全的內容包括計算機網絡設備安全、計算機網絡系統安全、數據庫的安全等。其特徵是針對計算機網絡本身可能存在的安全問題，實施網絡安全增強方案，其以保證計算機網絡自身的安全為目標。

商務交易安全緊緊圍繞傳統商務在網絡上應用時產生的各種安全問題，其在計算機網絡安全的基礎上，保障電子交易和電子支付等電子商務的順利進行，即實現電子商務的保密性、完整性、可鑑別性、不可偽造性和不可抵賴性等。

從狹義上講，電子商務安全是指電子商務信息的安全，主要包括兩方面，即信息的存儲安全和信息的傳輸安全。

計算機網絡安全與商務交易安全實際上是密不可分的，兩者相輔相成，缺一不可。沒有計算機網絡安全作為基礎，商務交易安全就像空中樓閣，無從談起；沒有商務交易安全保障，即使計算機網絡本身再安全，也達不到電子商務所特需的安全要求。

電子商務安全以網絡安全為基礎，但是，電子商務安全與網絡安全又

專項四　電子商務交易安全

是有區別的。首先，網絡不可能絕對安全，在這種情況下，還需要運行安全的電子商務；其次，即使網絡絕對安全，也不能保障電子商務的安全。電子商務除了基礎安全要求之外，還有特殊安全要求。

電子商務安全是一個複雜的系統問題。電子商務安全立法與電子商務應用的環境、人員素質、社會有關，基本上不屬於技術上的系統設計問題，而硬件安全是目前硬件技術水平能夠解決的問題。鑒於現代計算機系統軟件的龐大和複雜性，軟件安全成為電子商務系統安全的關鍵問題。

2 電子商務安全問題產生的原因

電子商務安全問題，不僅僅是網絡安全問題，還包括信息安全問題、交易過程安全問題。

2.1 管理問題

大多數電子商務網站缺乏統一的管理，沒有一個合理的評價標準。同時，安全管理也存在很大隱患，大多數網站普遍易受黑客的攻擊，造成服務器癱瘓，使網站的信譽受到極大損害。

2.2 技術問題

當前，網絡安全在全球還沒有形成一個完整的體系。雖然有關電子商務安全技術的產品數量不少，但真正通過認證的卻相當少。全球安全技術的強度普遍不夠，雖然國外電子商務安全技術的結構或加密技術都不錯，但這種加密算法受到外國密碼政策的限制，故對其他國出口的安全技術往往強度不夠。

2.3 環境問題

社會環境給電子商務發展帶來的影響也不小。如今，社會法制建設不夠，相關法律建設跟不上電子商務發展要求的法律基礎保證。

3 有關電子商務的安全性要求

3.1 對電子商務活動安全性的要求

3.1.1 服務的有效性要求

電子商務系統應能防止服務失敗情況的發生，預防由於網絡故障和病毒發作等因素產生的系統停止服務等情況，保證交易數據能準確、快速地傳送。

3.1.2 交易信息的保密性要求

電子商務系統應對用戶傳送的信息進行有效加密，防止信息被截取破

譯，同時要防止信息被越權訪問。

3.1.3 數據的完整性要求

數據完整性是指在數據處理過程中，原來的數據和現行數據之間保持完全一致。為了保障商務交易的嚴肅和公正，交易的文件是不可被修改的，否則必然會損害一方的商業利益。

3.1.4 身分認證的要求

電子商務系統應提供安全有效的身分認證機制，確保交易雙方的信息都是合法有效的，且在發生交易糾紛時可提供法律依據。

3.2 電子商務的主要安全要素

3.2.1 信息真實性、有效性

電子商務以電子形式取代了紙張，如何保證這種電子形式的貿易信息的有效性和真實性則是開展電子商務的前提。電子商務作為貿易的一種形式，其信息的有效性和真實性將直接關係到個人、企業或國家的經濟利益和聲譽。

3.2.2 信息機密性

電子商務作為貿易的一種手段，其信息直接代表著個人、企業或國家的商業機密。傳統的紙面貿易都是通過郵寄封裝的信件或利用可靠的通信渠道發送商業報文來達到保守機密的目的。電子商務是建立在一個較為開放的網絡環境中的，防洩密是電子商務全面推廣應用的重要保障。

3.2.3 信息完整性

電子商務簡化了貿易過程，減少了人為的干預，同時也帶來了維護商業信息的完整、統一的問題。數據輸入時的意外差錯或詐欺行為，可能導致貿易各方信息的差異。此外，數據傳輸過程中信息的丟失、信息的重複或信息傳送的次序差異也會導致貿易各方信息的不對稱。因此，電子商務系統應充分保證數據傳輸、存儲及電子商務完整性檢查的正確和可靠。

3.2.4 信息可靠性、可鑑別性和不可抵賴性

可靠性要求是指能保證合法用戶對信息和資源的使用不會被不正當地拒絕；可鑑別性要求是指能控制使用資源的人或實體的使用方式；不可抵賴性要求是指能建立有效的責任機制，防止實體否認其行為。在傳統的紙面貿易中，貿易雙方通過在交易合同、契約或貿易單據等書面文件上手寫簽名或蓋上印章來鑑別貿易夥伴，確定合同、契約、單據的可靠性，並預防抵賴行為的發生。

專項四　電子商務交易安全

3.2.5　交易審查能力

依據在交易過程中信息傳輸機密性和完整性的要求，應對數據審查的結果進行記錄。無紙化的電子商務方式下，通過手寫簽名和蓋上印章進行貿易方的鑑別已是不可能。因此，在交易信息的傳輸過程中，應為參與交易的個人、企業或國家提供可靠的標誌。在互聯網上，個人都是匿名的，電子商務系統應充分保證發送方在發送數據後不能抵賴，接收方在接收數據後也不能抵賴。

4　常見的電子商務安全問題

互聯網的完全開放性，以及不可預知的管理漏洞、技術威脅等的出現，帶來了各種各樣的安全問題。其中，主要隱患為網絡安全隱患、交易隱患。

4.1　網絡安全隱患

電子商務依賴計算機系統的正常運行開展業務，網絡設備本身的物理故障將導致電子商務無法正常進行；網絡惡意攻擊使得網絡被破壞，造成系統癱瘓；雖然在進行電子商務交易前採用了一些網絡安全設備（如防火牆、殺毒軟件等），但由於安全產品本身的問題或者使用上的不當，這些產品並不能起到應有的作用。

4.2　交易隱患

交易隱患是困擾電子商務正常進行的最大障礙。在交易過程中，常常存在隱患，如攻擊者通過非法手段盜用合法用戶的身分信息；仿冒合法用戶的身分與他人進行交易，進行信息詐欺與信息破壞，從而獲得非法利益。

5　保護措施

如何建立一個安全、便捷的電子商務應用環境，對信息提供足夠的保護，是商家和用戶都十分關注的話題。防火牆、虛擬專用網絡（VPN）、數字簽名等，這些安全產品和技術的使用可以從一定程度上滿足網絡安全需求，但不能滿足整體的安全需求，因為它們只能保護特定的某一方面。如防火牆的最主要功能就是訪問控制功能，虛擬專用網絡可以實現加密傳輸，數字簽名技術可以保證用戶身分的真實性和不可抵賴性。而對於網絡系統來講，它需要一種整體的安全策略，這個策略不僅僅包括安全保護，

還應該包括安全治理、即時監控、回應和恢復措施。由於目前沒有絕對的安全，無論網絡系統部署得如何周密，系統總會有被攻擊和攻破的可能。若發生問題，應採取一些恢復措施，在最短的時間內使網絡系統恢復正常工作。

通常情況下，我們可以用以下方法來保證電子商務安全運作：

5.1 安全治理

安全治理就是通過一些治理手段來達到保護網絡安全的目的。它所包含的內容有安全治理制度的制定、實施和監督，安全策略的制定、實施、評估和修改，以及對人員的安全意識的教育等。

5.2 保護

保護就是採用一些網絡安全產品、工具和技術保護網絡系統、數據和用戶。這種保護可以稱為靜態保護，它通常是指一些基本防護，不具有即時性。例如，在制定的安全策略中有一條規定，即不應答外部網用戶訪問內部網的 Web 服務器，因此可以在防火牆的規則中加入一條規定，即禁止所有外部網用戶連接到內部網 Web 服務器的請求。這樣，一旦這條規則生效，它就會持續有效，除非改變了這條規則。這樣的保護可以預防已知的一些安全威脅，而且通常這些威脅不會變化，所以我們將之稱為靜態保護。

5.3 監控、審計

監控就是即時監控網絡上正在發生的事情，這是任何一個網絡治理員都想知道的。審計一直被認為是經典安全模型的一個重要組成部分。審計是通過記錄下通過網絡的所有數據包，然後分析這些數據包，查找已知的攻擊手段、可疑的破壞行為，來達到保護網絡的目的。監控和審計是即時保護的一種策略，它主要滿足一種動態安全的需求。因為網絡安全技術在發展的同時，黑客技術也在不斷發展，因此網絡安全不是一成不變的，故我們應該時刻關注網絡安全的發展動向，以及網絡上發生的各種各樣的事情，以便及時發現新的攻擊，制定新的安全策略。有些人可能會認為有了監控和審計就不再需要安全保護，這種想法是錯誤的，因為安全保護是基本保護，監控和審計只是有效的補充，只有這兩者有效結合，才能夠滿足動態安全的需要。

5.4 回應

回應是指當攻擊正在發生時，系統能夠及時做出反應，如向治理員報

專項四　電子商務交易安全

告，或者自動阻斷連接等，防止攻擊進一步發生。回應是整個安全架構中的重要組成部分，因為即使網絡構築得相當安全，攻擊或非法事件也是不可避免的。當攻擊或非法事件發生的時候，應該有一種機制對此做出反應，以便讓治理員及時瞭解到網絡什麼時候遭到了攻擊，攻擊的行為是什麼樣的，攻擊的結果如何，應該採取什麼樣的措施來修補安全漏洞等，以彌補這次攻擊的損失，防止此類攻擊再次發生。

5.5　恢復

入侵發生後，對系統造成了一定的破壞，如網絡不能正常工作、系統數據被破壞等。這時，必須有一套機制來及時恢復系統的正常工作，故恢復在電子商務安全的整體架構中也是不可缺少的一個組成部分。恢復是最終措施，因為攻擊已經發生了，系統也遭到了破壞，這時讓系統以最快的速度運行起來才是最重要的，否則損失將更為嚴重。

思考與練習

1. 電子商務的主要安全因素是什麼？
2. 常見的電子商務安全問題有哪些？
3. 如何有效防止網絡詐騙？

主題2　電子商務安全技術

主題引入

中國金融認證中心（CFCA）的調查表明，約有70%的人認為網上交易不安全。中國網上銀行用戶中，懂得使用第三方數字證書保護資金安全的還不到三分之一。2007年12月，CFCA公布的《2007年中國網上銀行調查報告》表明，無論是企業用戶還是個人用戶在選擇網上銀行時，最重視的是網上銀行的安全性能。隨著網上銀行業務的發展，網上銀行安全事件也不斷增多。國內連續發生假冒網站、網銀大盜等事件，造成客戶資金損失，給網上銀行和網銀用戶帶來了非常不利的影響。那麼，如何才能保

障網上交易資金的安全和用戶的合法權益呢？本主題要求學生能夠學會使用電子商務安全技術來保證自身的合法權益。

相關知識

要提高電子商務的安全性，需要企業本身採取更為嚴格的管理措施，還需要國家建立健全法律制度，更需要有科學、先進的安全技術。在電子商務交易中，經濟信息、資金都要通過網絡傳輸，交易雙方的身分也需要進行認證。因此，電子商務的安全性主要是指網絡平臺的安全和交易信息的安全。常用的電子商務安全保護措施有防火牆技術、數據加密技術、電子商務認證技術、安全協議。

1 防火牆技術

防火牆作為電子商務安全的一種防護手段，得到了廣泛的應用，已成為各企業實施網絡安全保護的核心。安全管理員可以通過防火牆選擇性地拒絕進出網絡的數據流量，加強對網絡的保護。

1.1 防火牆的概念

防火牆技術是內部網最重要的安全技術之一，其是一個由軟件系統和硬件設備組合而成的在內部網和外部網之間的界面上構造的保護屏幕，它可以提供接入控制。所有的內部網和外部網之間的連接都必須經過該保護層，在此進行檢查和連接。只有被授權的通信才能夠通過此保護層，從而使內部網絡與外部網絡在某種意義上隔離。如此，可以防止非法入侵、防止非法使用系統資源，執行安全管制措施，記錄所有可疑的事件。防火牆能保證只有授權的人才可以訪問內部網，且資源和有價值的數據不會流出內部網。防火牆結構如圖 4-1 所示。

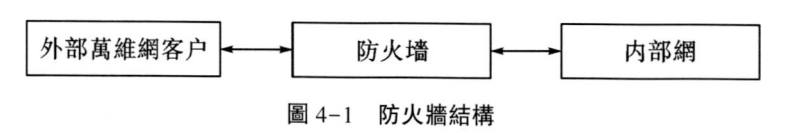

外部萬維網客戶 ⟷ 防火牆 ⟷ 內部網

圖 4-1 防火牆結構

一般來說，設計和構築一個防火牆需要考慮以下幾個主要因素：

1.1.1 網絡策略

防火牆是保護網絡安全的一種方法，它能夠強化網絡安全策略。因此，防火牆的建設和配置都是與網絡策略緊密相連的。也就是說，建立一

專項四　電子商務交易安全

個防火牆系統可能直接影響到網絡的結構和策略。同時，在設計、安裝和使用一個防火牆時，網絡服務訪問策略和防火牆的設計策略對其有直接影響。

1.1.2　認證機制

認證機制是網絡防護中的重要環節，因而，為了加強網絡的安全控制，必須在安全控制設備上採用諸如智能卡、認證串等一些基於附加軟件的認證機制。目前，在防火牆中應用得最多的認證方式就是一次性口令認證。

1.1.3　防火牆的基本實現類型

目前有各種各樣的防火牆，但就其處理的數據對象來說，可分為包過濾防火牆和應用網關防火牆兩種類型。包過濾防火牆通過處理通過網絡的 IP 包的信息，實現進出網絡的安全控制，它的處理對象是一個個的 IP 包。應用網關防火牆是通過對網絡服務的代理，檢查進出網絡的各種服務，它的處理對象是各種不同的應用服務。

1.2　防火牆的主要作用

- 限制某些用戶或信息進入一個被嚴格控制的站點。
- 防止攻擊者接近其他防禦工具。
- 限制某些用戶或信息離開一個被嚴格控制的站點。

1.3　防火牆設置的基本原則

- 由內到外或由外到內的數據流均經過防火牆。
- 只允許本地安全政策認可的數據流通過防火牆。對於任何一個數據組，當不能明確其是否被允許通過防火牆時，就拒絕其通過，只讓真正合法的數據組通過。
- 盡可能控制外部用戶訪問內部網，嚴格控制外部用戶進入內部網。如果有些文件要向外部用戶開放，最好將這些文件放在防火牆外。
- 具有足夠的透明性，保證正常業務流通。
- 具有抗穿透攻擊能力，能夠強化記錄，能夠進行審計和報警。

1.4　防火牆的分類

防火牆軟件通常是在 TCP 網絡軟件的基礎上進行改造和再開發形成的。目前使用的防火牆產品可以分為兩種類型：包過濾型和應用網關型。

包過濾型防火牆可以動態檢查流過的 TCP/IP 報文頭，檢查報文頭中的報文類型、源 IP 地址、目的 IP 地址、源端口號等，根據事先定義的規

則，決定哪些報文允許通過，哪些報文禁止通過。

應用網關型防火牆使用代理技術，在內部網和外部網之間設置了一個物理屏障。對於外部網用戶或內部網用戶的文件傳輸協議（FTP）等高層網絡協議的服務請求，防火牆的代理服務機制會對其進行合法性檢查，決定接受還是拒絕。對於合法的用戶服務請求，代理服務機制連接內部網和外部網，並作為通信的仲介，保護內部網絡資源不受侵害。大部分應用網關型防火牆只能提供有限的基本應用服務，若要增加新的應用服務，則必須編寫新的程序。

1.5 防火牆的安全策略

沒有被列為允許訪問的服務都是被禁止的，這意味著需要確定所有可以被提供的服務以及其安全特性，並開放這些服務，將所有其他未列入的服務排斥在外，禁止訪問。

2 數據加密技術

採用密碼技術對信息進行加密，是最常用的安全交易手段。在電子商務中，加密技術是通過使用代碼或密碼來保障信息數據的安全性的。加密的目的是防止他人破譯信息系統中的機密信息。加密技術主要從以下幾個方面來實現和分類：

2.1 加密與解密

加密是指將數據按照一定的規則進行編碼，使它成為一種按常規思維不可理解的形式，這種不可理解的內容便是密文。解密是加密的逆過程，即將密文還原成原來可被理解的形式。

加密處理過程比較簡單，它依據加密公式（即算法），把明文轉化成不可讀的密文，然後再把密文翻譯回明文。加密的核心是一個稱為密鑰的數值，它是加密算法的一個組成部分，引導整個加密過程。下面，我們通過一個例子來講解加密、解密、算法和密鑰。

例如，將字母的自然順序保持不變，但使之分別與相差4個字母的字母相對應。這條規則就是加密算法，其中「4」為密鑰。若原信息為「How are you」，則按照這個加密算法和密鑰，加密後的密文就是「Lsa evi csy」。

算法和密鑰在加密和解密過程中是相互配合的，二者缺一不可。一般來說，加密算法是不變的，存在的加密算法也是屈指可數的（主要有序列

專項四　電子商務交易安全

密碼、分組密碼、公開密鑰密碼、HASH 函數），但是密鑰是變化的。因此，加密技術的關鍵是密鑰。密鑰的好處是：

◆ 設計算法很困難，而密鑰的變化解決了這一難題。

◆ 信息的發送方只需使用一個算法，不同的密鑰可以向多個接收方發送密文。

◆ 如果密文被破譯，換一個密鑰就能解決問題。

2.2　密鑰的長度

密鑰的長度是指密鑰的位數。密文的破譯實際上是指經過長時間的測算密鑰，破獲密鑰後解開密文。使用長鑰，才能使加密系統牢固。例如，一個 16 位的密鑰有 65,536 種不同的密鑰，順序猜測 65,536 種密鑰對計算機來說是很容易的。但如果是一個 100 位的密鑰，計算機猜測密鑰的時間就需要幾個世紀了。因此，密鑰的位數越長，加密系統越牢固。

2.3　密碼分析

不知道系統所用的密鑰，但可能從所截獲的密文或其他信息推斷出明文所用的密鑰，這一過程稱為密碼分析。為了保護信息的保密性，抵抗密碼分析，一個加密體制至少應滿足以下條件：

◆ 從截獲的密文來確定明文或需保密的密鑰在計算上是不可行的。

◆ 系統的保密性不依賴於對加密體制的保密，而依賴於密鑰。

◆ 系統易於實現且使用方便。

2.4　對稱密鑰系統

對稱密鑰系統又稱常規密鑰、密碼體制或單鑰加密體制，是指使用相同的密鑰加密、解密，發送者和接收者有相同的密鑰。這樣就解決了信息的保密性問題，其過程如圖 4-2 所示。這是最早的加密方法，典型代表是美國的數據加密標準（DES）。

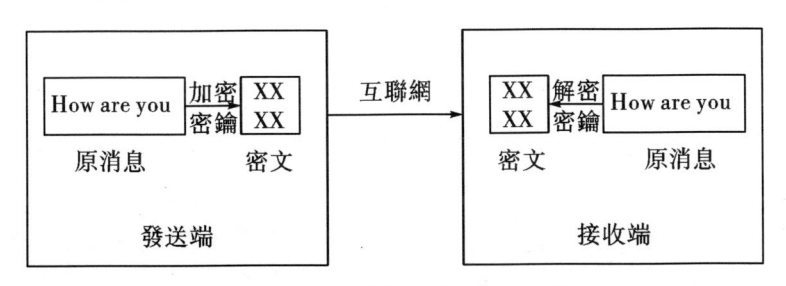

圖 4-2　對稱密鑰加密、解密過程

根據明文的加密方式的不同，又可將單鑰加密體制分為兩類：一類是流密碼（又稱流加密），在這類體制中，明文按字符逐位地被加密；另一類是分組密碼（又稱塊加密），在這類體制中，先將明文分組（每組含有多個字符），然後逐組地加密。

由於計算機能力的不斷增強，破譯 DES 的專用機器已經被製造出來，DES 算法已經不能適應當前的信息安全要求。美國政府正在積極推動適用於 21 世紀的新的加密標準 AES 的研究。

長期以來，美國政府嚴格限制可出口的密碼算法的密鑰長度（64 位），所以，對於中國來說，簡單地採用國外算法等於把自己的安全拱手讓給他人控制。故此，必須擁有屬於自己的安全強度高的優秀分組密碼，也必須有能力設計實現這樣的自主算法。迅速發展的電子商務呼喚早日出抬屬於中國自己的分組密碼算法標準，以滿足廣泛需要，保護公眾和國家的利益。

2.5 公鑰和私鑰系統

上述的對稱密鑰系統並沒有真正解決問題。如果接收者不知道這個密鑰怎麼辦，是否將密鑰傳過去？這又面臨著把這個密鑰加密的問題。於是就有了公鑰和私鑰系統，又稱公開密鑰密碼體制。它出現於 1976 年，最主要的特點就是加密和解密使用不同的密鑰，每個用戶保存著一對密鑰——公鑰和私鑰，因此，這種體制又稱雙鑰或非對稱密鑰密碼體制。

公鑰和私鑰系統使用兩個密鑰，如果一個用於加密，另一個可用於解密。其中，較著名的是 RSA 算法，是由 Rivest、Shamir、Adleman 三人發明的。兩個密鑰是兩個很大的質數，用其中的一個質數與原信息相乘，對信息加密，再用另一個質數與收到的信息相乘來解密。但需要說明的是，不能用其中的一個質數求出另一個質數。每個網絡上的用戶都有一對公鑰和私鑰，公鑰是公開的，可以公開傳送給需要的人；私鑰只有本人知道，是保密的。

在發送保密信息時，要使用接收者的公鑰進行加密，接收者使用自己的私鑰即能解密，別人不知道接收者的私鑰則無法竊取信息。在對發送者進行確認時，發送者用自己的私鑰對約定的可公開信息進行加密，接收者用發送者的公鑰進行解密；由於別人不知道發送者的私鑰，無法發出能用其公鑰解得開的信息，因此發送者無法抵賴。非對稱密鑰密碼體制的典型代表是 RSA 體制，其加密、解密過程如圖 4-3 所示。

專項四　電子商務交易安全

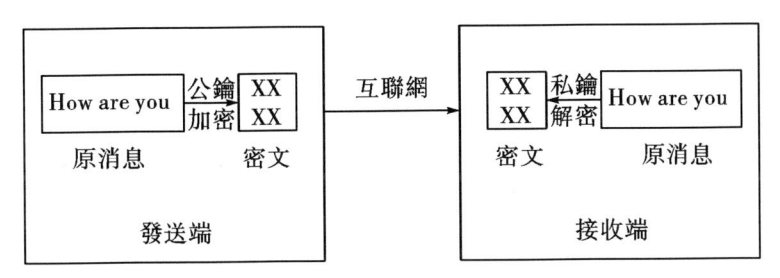

圖 4-3　非對稱密鑰加密、解密過程

非對稱密鑰的特點如下：

◆ 密鑰是成對生成的，這兩個密鑰互不相同，一個用於加密，另一個則用於解密；反之亦然。

◆ 不能根據一個密鑰推算得出另一個密鑰。

◆ 一個密鑰對外公開，稱為公鑰；另一個僅持有人知道，稱為私鑰。

◆ 每個用戶只需一對密鑰即可實現與多個用戶的保密通信。

對稱密碼系統的缺陷之一是通信雙方在進行通信之前需要通過一個安全信道交換密鑰，這在實際應用中通常是非常困難的。而雙鑰密碼體制可使通信雙方無須事先交換密鑰就可實現保密通信。但是雙鑰體制算法要比單鑰算法慢得多，因此，在實際通信中，一般利用雙鑰體制來保護和分配（交換）密鑰（主要用於認證，比如數字簽名、身分識別等），而利用單鑰體制加密消息。

3　電子商務認證技術

電子商務認證技術是電子商務安全交易的一種重要手段。認證的目的有兩個：一是驗證信息的發送者不是假冒的；二是驗證信息的完整性，即驗證信息在傳遞或存儲過程中未被篡改、重放、延遲等。

3.1　數字摘要

數字摘要（Digital Digest）也稱安全 Hash 編碼法或 MD5，由 Ron Rivest 設計。該編碼法採用單向 Hash 函數將需加密的明文摘要成一串 128 位的密文，這一串密文亦被稱為數字指紋（Finger Print）。該串密文有固定的長度，且不同的明文摘要成密文，其結果總是不同的，而同樣的明文，其摘要必定一致。數字摘要由單向 Hash 加密算法對一個消息作用而生成。發送端將消息和摘要一同發送，接收端收到後，利用 Hash 函數對收到的消息產生一個摘要，與收到的摘要對比，若相同，則說明收到的消息是完

57

整的，在傳輸過程中沒有被修改，否則，就是被修改過，不是原消息。數字摘要方法解決了信息的完整性問題。

3.2 數字簽名

政治、軍事、外交等活動中簽署文件，商業上簽訂契約和合同，日常生活中在書信上簽字，以及從銀行取款等事務中的簽字，傳統上都採用手寫簽名或蓋上印章。隨著信息時代的來臨，人們希望通過數字通信網絡進行遠距離的貿易合同簽名，數字或電子簽名技術應運而生，並開始用於商業通信系統，如電子郵遞、電子轉帳、辦公自動化等。其加密、解密過程如圖4-4所示。

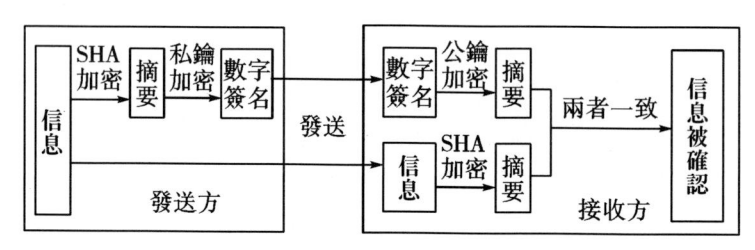

圖4-4 數字簽名加密、解密過程

註：SHA即安全散列算法。

一個數字簽名算法至少應滿足三個條件：

◆ 數字簽名者事後不能否認自己的簽名。

◆ 接收者能驗證簽名，而任何人都不能偽造簽名。

◆ 當雙方關於簽名的真偽發生爭執時，使用驗證算法得出「真」或「假」的回答。

一個簽名算法主要由兩個算法組成，即簽名算法和驗證算法。簽名者能使用一個（秘密）簽名算法簽一個消息，所得的簽名可以通過公開的驗證算法來驗證。給定一個簽名，使用驗證算法得出「真」或「假」的回答。

目前已有大量的簽名算法，比如RSA數字簽名算法、橢圓曲線數字簽名算法等。

數字簽名（Digital Signature）技術是將摘要用發送者的私鑰加密，與原文一起傳送給接收者。接收者只有用發送者的公鑰才能解密被加密的摘要，然後用Hash函數對收到的原文產生一個摘要，與解密的摘要對比，若相同，則說明收到的信息是完整的，在傳輸過程中沒有被修改，否則就被修改過，不是原信息。同時，發送者也無法否認自己發送了信息。如

專項四　電子商務交易安全

此，數字簽名保證了信息的完整性和不可否認性。

3.3　數字時間戳

在交易文件中，時間和簽名都是十分重要的證明文件有效性的內容。數字時間戳（Kigital Time Stamp）就是用來證明消息的收發時間的。用戶首先將需要加時間戳的文件用 Hash 函數加密形成摘要，然後將摘要發送到專門提供數字時間戳服務的權威機構，該機構對原摘要加上時間後，進行數字簽名（用私鑰加密），並發送給用戶。

3.4　數字證書

3.4.1　認證中心

怎樣證明公鑰的真實性？即怎樣證明一個公鑰確實屬於信息發送者，而不是冒充信息發送者的另一個人？這就要靠第三方證實該公鑰確屬於真正的信息發送者。認證中心就是這樣的第三方，其是一個權威機構，專門驗證交易雙方的身分。驗證方法是接受個人、商家、銀行等涉及交易的實體申請數字證書，核實情況，批准或拒絕申請，批准的便頒發數字證書。認證中心除了頒發數字證書外，還具有管理、搜索和驗證證書的職能。通過證書管理，可以檢查所申請證書的狀態（等待、有效、過期等），還可以廢除、更新證書；通過搜索證書，可以查找並下載某個持有人的證書；驗證個人證書可幫助確定一張個人證書是否已經被其持有人廢除。

3.4.2　數字證書

數字證書（Digital ID）又稱為數字憑證、數字標誌。它含有證書持有者的有關信息，以顯示其身分。證書包括以下內容：證書擁有者的姓名、證書擁有者的公鑰、公鑰的有效期、頒發數字證書的單位、頒發數字證書單位的數字簽名、數字證書的序列號。

3.4.3　數字證書的類型

數字證書有三種類型：個人數字證書、企業（服務器）數字證書、軟件（開發者）數字證書。

個人數字證書僅僅為某個用戶提出憑證，其一般安裝在客戶瀏覽器上，以幫助其個人在網上進行安全交易額操作，包括訪問需要客戶驗證安全的互聯網站點；用自己的數字證書發送有自己簽名的電子郵件；用對方的數字證書向對方發送加密的郵件。

企業（服務器）數字證書為網上的某個 Web 服務器提供憑證，有服務器的企業就可以用具有憑證的 Web 站點進行安全電子交易，包括開啓服務

59

器 SSL 安全通道，使用戶和服務器之間的數字傳送以加密的形式進行；要求客戶出示個人證書，保證 Web 服務器不被未授權的用戶入侵。

軟件（開發者）數字證書為軟件提供憑證，證明該軟件的合法性。

3.4.4 認證中心的樹形驗證結構

雙方通信時，通過出示由某個認證中心（CA）簽發的證書來證明自己的身分，如果對簽發證書的 CA 本身不信任，則可驗證 CA 的身分，逐級進行，一直到公認的權威 CA 處，就可確認證書的有效性。每一個證書與數字化簽發證書的認證中心的簽名證書關聯。沿著信任樹一直到一個公認的信任組織，就可確認該證書是有效的。例如，C 的證書是由名稱為 B 的 CA 簽發的，而 B 的證書是由名稱為 A 的 CA 簽發的，A 是權威的機構，通常稱為根 CA。驗證到了根 CA 處，就可確信 C 的證書是合法的。

4 安全協議

近年來，金融界與信息業共同推出了多種有效的安全交易標準。目前，互聯網上有幾種加密電子協議在使用，對七層網絡模型的每一層都提出了相應的協議。對應用層有 SET 協議、S-HTTP 協議、S/MIME 協議，對會話層有 SSL 協議。

4.1 安全超文本傳輸協議

HTTPS（Secure Hypertext Transfer Protocol）是由 Netscape 開發並內置於其瀏覽器中的，其用於對數據進行壓縮和解壓操作，並返回網絡上傳送回的結果。HTTPS 實際上應用了 Netscape 的完全套接字層（SSL）作為 HTTP 應用層的子層（HTTPS 使用端口 443，而不是像 HTTP 那樣使用端口 80 來和 TCP/IP 進行通信）。SSL 使用 40 位關鍵字作為 RC4 流加密算法，這對於商業信息的加密是合適的。HTTPS 和 SSL 支持使用 X.509 數字認證，如果需要的話，用戶可以確認發送者是誰。

HTTPS 是以安全為目標的 HTTP 通道，簡單講是 HTTP 的安全版。即 HTTP 下加入 SSL 層，HTTPS 的安全基礎是 SSL，因此加密的詳細內容要看 SSL。

如果主頁的統一資源定位符（URL）以「HTTPS://」開始，說明該頁遵從超文本傳輸協議。例如，在前面申請數字憑證的過程中，ViriSign 的每個頁面的 URL 以「HTTPS://」開始，這就表示該站點的 Web 頁面是安全的，即能夠保證申請人的個人信息、信用卡信息在 Web 站點上是安

專項四　電子商務交易安全

全的。

4.2　安全套接層協議

SSL 是由 Netscape 研發的，用以保障在互聯網上數據傳輸的安全。其利用數據加密技術，可確保數據在網絡傳輸過程中不會被截取及竊聽。目前，SSL 一般通用的規格為 40 位安全標準，美國則已推出 128 位的更高安全標準，但限制出境。SSL 已被廣泛地用於 web 瀏覽器與服務器之間的身分認證和加密數據傳輸。

SSL 協議位於 TCP/IP 協議與各種應用層協議之間，為數據通信提供安全支持。SSL 協議可分為兩層。SSL 記錄協議（SSL Record Protocol）建立在可靠的傳輸協議（如 TCP）之上，為高層協議提供數據封裝、壓縮、加密等基本功能的支持。SSL 握手協議（SSL Hand Shake Protocol）建立在 SSL 記錄協議之上，用於通信雙方在實際的數據傳輸開始前進行身分認證、協商加密算法、交換加密密鑰等。

在 SSL 中，採用了公開密鑰和專有私鑰兩種加密方式，即在建立連接過程中採用公開密鑰和在會話過程中使用專有密鑰。

加密的類型和強度則在兩端之間建立連接的過程中判斷決定。在所有情況下，服務器通過以下方法向客戶機證實自身：給予包含公開密鑰的、可驗證的證明；演示對用此公開密碼加密的報文進行解密。

有時，客戶機可以提供表明本身（用戶）身分的證明。會話密鑰是從客戶機選擇的數據中推導出來的，該數據用服務器的公開密鑰加密。在每個 SSL 會話（其中客戶機和服務器都被證實身分）中，服務器都被要求完成一次使用服務器私鑰的操作和一次使用客戶機公開密鑰的操作。

SSL 協議的工作流程如下：

（1）服務器認證階段：①客戶端向服務器發送一個開始信息「Hello」，以便開始一個新的會話連接；②服務器根據客戶的信息確定是否需要生成新的主密鑰，如需要則服務器在回應客戶的「Hello」信息時將包含生成主密鑰所需的信息；③客戶根據收到的服務器回應信息，產生一個主密鑰，並用服務器的公開密鑰加密後傳給服務器；④服務器恢復該主密鑰，並返回給客戶一個用主密鑰認證的信息，以此讓客戶認證服務器。

（2）用戶認證階段。在此之前，服務器已經通過了客戶認證，這一階段主要完成對客戶的認證。經認證的服務器發送一個提問給客戶，客戶則返回（數字）簽名後的提問和其公開密鑰，從而向服務器提供認證。

從 SSL 協議所提供的服務及其工作流程可以看出，SSL 協議運行的基礎是商家對消費者信息保密的承諾，這就有利於商家而不利於消費者。在電子商務初級階段，由於運作電子商務的企業大多是信譽較高的大公司，因此該問題還沒有充分暴露出來。但隨著電子商務的發展，各中小型公司也參與進來，這樣在電子支付過程中的單一認證問題就越來越突出。雖然在 SSL 3.0 中通過數字簽名和數字證書可實現瀏覽器和 Web 服務器雙方的身分驗證，但是 SSL 協議仍存在一些問題。比如，只能提供交易中客戶與服務器間的雙方認證，在涉及多方的電子交易中，SSL 協議並不能協調各方間的安全傳輸和信任關係。在這種情況下，Visa 和 Mastercard 兩大信用卡公司組織制定了 SET 協議，為網上信用卡支付提供了全球性的標準。

4.3 安全電子交易協議

安全電子交易協議（Secure Electronic Transaction, SET）是為用戶、商家和銀行之間通過信用卡支付的交易而設計的。SET 包含多個部分，以解決交易中不同階段的問題。1995 年，信用卡國際組織、信息服務商及網絡安全團體等開始組成策略同盟，共同研究開發電子商務的安全交易。SET 在 1996 年 2 月由 Visa 和 Mastercard 提出，加入 SET 協議的包括微軟、Netscape、GTE、IBM、SAIC、Terisa、ViriSign 等公司。SET 是基於來源於 RSA 數據安全的公共加密和身分確認技術，其使用數字簽名和持卡人證書，對商戶進行認證；使用加密技術確保交易數據的安全性；使用數字簽名確保支付信息的完整性和各方對有關交易事項的不可否認性；使用雙重簽名保證購物信息和支付信息的私密性，使商戶看不到持卡人的信用卡號。SET 有望成為未來電子商務的規範。

SET 交易過程中要對商家、客戶、支付網關等交易各方進行身分認證，因此它的交易過程相對複雜。交易過程具體如下：

（1）客戶在網上商店看中商品後，和商家進行磋商，然後發出請求購買的信息。

（2）商家要求客戶用電子錢包付款。

（3）電子錢包提示客戶輸入口令後與商家交換握手信息，確認商家和客戶兩端均合法。

（4）客戶的電子錢包形成一個包含訂購信息與支付指令的報文發送給商家。

（5）商家將含有客戶支付指令的信息發送給支付網關。

專項四　電子商務交易安全

（6）支付網關在確認客戶信用卡信息之後，向商家發送一個授權回應的報文。

（7）商家向客戶的電子錢包發送一個確認信息。

（8）將款項從客戶帳號轉到商家帳號，然後給客戶送貨，交易結束。

SET 協議中，支付環境的信息保密性是通過公鑰加密法和私鑰加密法結合起來的算法來加密支付信息而獲得的。它採用的公鑰加密算法是 RSA 的公鑰密碼體制，私鑰加密算法是採用 DES 數據加密標準。這兩種不同加密技術的結合應用在 SET 中被形象地稱為數字信封，RSA 加密相當於用信封密封，消息首先以 56 位的 DES 密鑰加密，然後裝入使用 1024 位 RSA 公鑰加密的數字信封給交易雙方傳輸。這兩種密鑰相結合的辦法保證了交易中數據信息的保密性。

4.4　SET 協議和 SSL 協議的比較

支付系統是電子商務的關鍵。安全套接層協議（SSL）和安全電子交易協議（SET）是兩種重要的通信協議，它們都提供了通過互聯網進行的支付手段。雖然它們都普遍應用於電子商務交易中，但是它們最初設計的目的不同，除了都使用 RSA 公鑰算法以外，沒有其他技術方面的相似之處。

SSL 提供了兩臺機器之間的安全連結，支付系統常常通過在 SSL 連接上傳輸信用卡號的方式來構建，在線銀行和其他金融機構也經常構建在 SSL 上。SSL 被廣泛應用的原因在於它被大部分 Web 瀏覽器和 Web 服務器所內置，所以容易投入使用。

SET 是一種基於信息流的協議，是一個多方的報文協議，它定義了銀行、商家、持卡人之間必須符合的報文規範。與此同時，SSL 是面向連接的，而 SET 允許各方之間的報文交換不是即時的。SET 報文能夠在銀行內部網或者其他網絡上傳輸，而 SSL 之上的支付系統只能與 Web 瀏覽器捆綁在一起。

SSL 與 SET 協議的相關參數和購物過程的比較見表 4-1 和表 4-2。

表 4-1　SSL 協議與 SET 協議的比較

	SSL 協議	SET 協議
工作層次	傳輸層與應用層之間	應用層
是否透明	透明	不透明
過程	簡單	複雜
效率	高	低
安全性	商家掌握消費者 IP	消費者 IP 對商家保密
認證機制	雙方認證	多方認證
是否專為 EC 設計	否	是

表 4-2　SSL 協議與 SET 協議購物過程的比較

	SSL 協議	SET 協議
缺點	風險負擔較大，黑客容易侵入，信用卡不安全	交易過程複雜，處理效率低
優點	使用方便	身分確定性、交易安全性、資料完整性、交易抗否認性
安全性	低	高
風險性責任歸屬	商家及消費者	SET 相關認證組織

綜上分析，並結合目前中國的具體情況，可得出如下結論：

第一，近期，SET 與 SSL 共存，優勢互補。如美國較多採用的是「面向商家的 SET 協議」，即在銀行與商家之間採用 SSL 協議，銀行內部採用 SET 協議，但這對銀行的要求就更高了。

第二，遠期，開發一種能融合 SET 與 SSL 優點的安全協議和認證體系，即在深入剖析 SET、SSL 協議的基礎上，建立一個以 PKI 與 CPK（CPK 是中國學者提出的一種新的組合更高了公鑰機制：以少量的種子，派生幾乎無限的公鑰）為基礎的框架，以 CPK 體制建立直接級信任（一級信任）和二級信任，解決內部網的認證；以 PKI 建立二級和二級以上的信任，解決與外部網之間的認證，並能兼容 B2B、B2C 的安全協議和認證體系，以適應信用卡、電子現金、電子支票等各種電子交易模式。該種猜想發展前景良好，將來必會取代 SSL、SET 協議成為電子商務的主流安全協議。

專項四　電子商務交易安全

　　第三方認證機構（CA）是指經國家主管部門批准，為網上交易雙方提供安全服務的機構，其處於交易雙方之外，不涉及交易雙方的利益，具有權威性、可信性和公正性。根據《中華人民共和國電子簽名法》（以下簡稱《電子簽名法》）和《電子認證服務管理辦法》的規定，面向社會公眾的服務，必須由依法設立的第三方認證機構提供服務。基於PKI（公開密鑰體系）的第三方數字證書機制是解決當前網上支付安全的有效手段。

　　1. 使用第三方認證有法可依。《電子簽名法》於2005年4月1日開始執行。《電子簽名法》中規定：可靠的電子簽名與手寫簽名或者蓋章具有同等的法律效力。

　　2. 第三方認證機構操作規範，權威性毋庸置疑。第三方CA按照《電子簽名法》和《電子認證服務管理辦法》規定的市場准入條件提供服務，其營運還需要接受電子認證服務管理辦公室等國家有關部門的管理和監督，各項操作更具規範性。第三方CA是網上電子認證的權威機構，其所頒發的數字證書就是網上的身分證，是一個權威的電子文檔，用它對應的私鑰所作的簽名，才符合《電子簽名法》對電子簽名的要求。

　　3. 第三方認證機構能夠提供專業性更強的服務，服務品質可信度高。第三方CA符合《電子簽名法》《電子認證服務管理辦法》的要求，具有獨立的企業法人資格，具有合格的、足夠的從事電子認證服務的專業技術人員、營運管理人員、安全管理人員和客戶服務人員，有足夠的資金實力，具有固定的經營場所和滿足電子認證服務要求的物理環境，具有符合國家有關安全標準的技術和設備，具有國家密碼管理機構同意使用密碼的證明等，具有可信賴性。

　　4. 第三方認證機構具有無可替代的公正性。第三方認證機構CA向社會公眾提供電子認證服務，為交易、通信雙方頒發證書。其不參與交易、通信雙方的利益，站在客觀的第三方立場，為交易中雙方所發生的交易爭端提供審計和數據證明，為交易爭端的仲裁和法律需要提供第三方公正服務。

思考與練習

1. 防火牆有哪些種類？
2. 如何使用密鑰進行加密？
3. 如何進行數字簽名？
4. SSL 與 SET 的區別是什麼？

主題3　電子商務法

主題引入

隨著現代通信設施的不斷發展，電子商務已經不僅僅在網絡中存在，還包含在移動設施中。那麼通過何種手段能夠保證用戶在電子商務中的合法權益不受到損失呢？本主題要求學生學習電子商務法的基本知識，學會利用法律手段維護交易雙方在電子商務交易過程中的合法權益。

相關知識

電子商務需要解決的問題很多，其中有些問題是純技術性的，有些問題需要通過法律途徑來解決，因此就需要掌握合同法、知識產權法、證據法、消費者權益保護法、稅法等相關法律知識。隨著電子商務的不斷發展，國家制定了一系列適用於電子商務環境的法律法規。

1　電子商務法概述

1.1　電子商務法的概念

廣義的電子商務法是調整通過各種電子信息、傳遞方式進行的商務活動所發生的社會關係的法律規範的總和。其調整對象不僅包括通過電報、電傳、傳真、電子數據交換（EDI）形式等進行電子信息傳遞而發生的商事關係，還包括通過互聯網、局域網或增值網絡進行數據電文傳遞而發生

專項四　電子商務交易安全

的商事關係,後者也即狹義的電子商務法的調整對象。

從目前國內外電子商務立法活動的實踐來看,狹義的電子商務法是指調整通過計算機網絡進行數據電文傳遞而進行商務活動所產生的社會關係的法律規範的總和。

1.2　電子商務法的調整對象

法律通常是調整社會關係或社會行為的行為規範。電子商務的發展和自身的規範要求導致電子商務法的產生。作為一門新興的又逐漸獨立的法律學科,電子商務法首先要明確的是調整對象。

調整對象是立法的核心問題,它揭示了立法調整的因特定主體所產生的特定社會關係,也是一法區別於另一法的基本標準。根據電子商務的內在本質和特點,電子商務法的調整對象應當是電子商務交易活動中發生的各種社會關係,而這類社會關係是在廣泛採用新型信息技術並將這些技術應用到商業領域後才形成的特殊的社會關係。它交叉存在於虛擬社會和實體社會之間,有別於實體社會中的各種社會關係,且完全獨立於現行法律的調整範圍。

電子商務法的調整範圍就是電子商務法所調整的社會關係的範圍,具體主要包括:電子合同關係,網上電子支付關係,網絡知識產權關係,網絡不正當競爭關係,網絡消費者權益保護關係,電子稅收關係,網絡廣告、拍賣關係,網站經營知識產權關係,電子商務爭議及解決關係等。

1.3　電子商務法的地位

法的地位是指一部法律在整個法律體系中是否有自己獨立的位置及獨立存在的理由和必要性。能夠在法律體系中佔有一席之地,形成獨立存在的位置,才能有單獨立法的必要性和現實性。法律制度必須反應一定的社會發展的需求,調整一定領域的社會關係,形成自己獨特的調整對象。一般而言,只有現行法律難以調整現行社會關係或社會發展要求突破現行法律框架時,才會有獨立部門法的出現。

作為廣泛採用新型信息技術或網絡技術並將這些技術應用於商業領域的電子商務環境下所形成的社會關係,其與傳統法律的調整對象不同,並非都是存在於現實物理世界,而是交叉存在於虛擬社會和實體社會之間,具有獨特的性質。那麼,傳統法律規範是否能夠解決這些狹義的商業行為在互聯網環境下形成的特殊的、獨立的調整對象所產生的社會關係和法律問題呢?比如電子合同的簽名及效力等技術和具體法律問題、網上交易及

電子商務專項技能實訓教程

支付的安全問題、域名的保護問題，以及網上個人資料的保護、網絡侵權的界定、證據的取得等問題，是否能由傳統法律解決？答案顯然是否定的。面對這個新興的、發展卻又如此迅速的行業所產生的問題，傳統法律在很多方面已經顯得「力不從心」了，這就呼喚新的部門法——電子商務法的出現。

1.4 電子商務法的特徵

電子商務法是 21 世紀占主導地位的商事交易法。由於電子商務的國際性，電子商務法也具有跨越國界、地域的，全球化的天然特性。具體從電子商務法律體系來看，其主要有以下四個特徵：

1.4.1 電子商務法主體的虛擬性

在電子商務尤其是我們日常所說的狹義的電子商務即在線交易過程中，參與主體在線交易和支付的各種信息主要是通過電子郵件、電子數據交換（EDI）、電子商務自動成交系統、電子銀行支付系統來傳遞的。因此，從交易磋商到合同的訂立甚至到合同的履行、付款等各個環節，電子商務的主體不需見面，相互身分資料無法立即得到確認，表面上進行交易的只是網絡上的數據電文信息或符號。因此，電子商務法律主體的虛擬性是電子商務法的一個很重要的特徵，當然這也給電子商務安全提出了很大的挑戰。

1.4.2 電子商務法律規範的任意性和開放性

電子商務法是隨著電子商務的產生和發展而產生的。電子商務是全新的商務形態，各種制度規範都不完善，因此在調整電子商務活動時，不應當用僵化陳舊的規範將正處於發展中的電子商務活動禁錮起來。同時，電子商務法主要以電子交易法為核心，而電子交易法的一個最重要的原則就是「意思自治」原則，故不管是交易對象的選擇、交易形式的確定、交易內容的構成、爭議的解決還是交易責任的承擔，都應由交易主體自由決定，充分體現意思自治。授權性的電子商務法律規範正好可以滿足這一要求。電子商務法是關於依據數據電文為意思表示的法律制度體系，數據電文的形式呈現多樣化，新的技術手段與交易媒介不斷開發並應用於電子商務活動中，因此，調整電子商務的法律規範也應具有開放性和靈活性。在立法上，不應將現階段某一電子商務技術或模式固定為普適性的法律，而應當制定開放性的一般原則條款和功能等價條款，這將有利於把電子商務發展的技術與模式盡量容納於電子商務法律規範。

專項四　電子商務交易安全

1.4.3　電子商務法內容的程式性和全球性

電子商務涉及的合同、知識產權、稅收、消費者權益保護、訴訟管轄等方面的法律問題的法律制度在傳統法律體系中早已建立，而且其對作為電子商務法律關係內容的權利、義務的規定也相當豐富。電子商務法產生後，主要是針對傳統法律難以調整的問題進行補充性規定，而不是完全捨棄原有的法律制度，另行創制一套新的法律制度體系。實際上，電子商務法主要規定通過數據電文形式進行意思表示時所應採用的形式，包括電子合同的形式、合同的簽字確認、合同主體身分的認證、電子作品的形式、電子作品的侵權方式、消費者權益保護形式等。一般情況下，電子商務法不重點規定在電子商務法律關係中的具體權利、義務，而主要規定電子商務的新形態、新樣式及與傳統法律制度的管轄範圍與相融。由此可見，電子商務法內容具有形式法和程式法的特徵。

同時，由於互聯網打破了國家和地區之間的界限，電子商務的全球性和跨國性等特徵決定了各國電子商務法的立法必須以國際公約、條約和其他國家的國內法的內容特點為依託，力求在主要的法律理念、立法和制度設計上與其他國家相協調。當然，電子商務法的全球性並不是照搬外國的法律規定，相反，各國應以本國國情和法律體系為本，在全球電子商務框架內創制本國的具體電子商務法律制度。

1.4.4　電子商務法客體的廣泛性

法律關係的客體是指法律關係主體享有權利、承擔義務所指向的對象，在在線交易中即是電子商務的參與主體享有權利和承擔義務所指向的商品或者服務。商品包含了有形商品和無形商品。有形商品如教材、汽車、房屋等，無形商品如計算機軟件和享有知識產權的作品、商標、專利等智力成果。服務則包含了網絡廣告發布、資料查詢、郵箱提供、網上拍賣、身分認證、域名註冊等。隨著網絡技術和電子通信技術水平的提高和安全性的進一步增強，電子商務應用領域不斷擴大，電子商務法的客體也將不斷增加。

1.5　電子商務法的作用

（1）為電子商務的健康、快速發展創造一個良好的法律環境。

（2）法律是保障網絡交易安全的重要手段。

（3）彌補現有法律的缺陷和不足。

（4）鼓勵利用現代信息技術促進交易活動。

2 常用的電子商務法律法規

2.1 電子合同

2.1.1 合同與電子合同

合同，亦稱契約。《中華人民共和國合同法》（以下簡稱《合同法》）第二條規定：「合同是平等主體的公民、法人、其他組織之間設立、變更、終止債權債務關係的協議。」合同反應了雙方或多方意思表示一致的法律行為。

電子合同在本質上仍然是合同，因此其具有合同的共性。其是平等主體的自然人、法人或其他經濟組織確定相互之間權利和義務的協議，同樣要經過要約和承諾兩個程序，但由於其載體或者介質以及簽訂過程的變化，電子合同與傳統合同也有一定的區別，具體可以歸納為以下幾點：

（1）意思表示所採用的形式不同。傳統合同或採用口頭形式或採用紙質的書面形式發出要約和承諾；而電子合同當事人的要約或承諾是通過數據電文的形式表達的，因此，其要約和承諾的生效時間以及合同成立的時間、地點與傳統合同都存在著很大的區別。

（2）確認當事人身分的方式不同。傳統合同的訂立通常都需要雙方當事人經過若干次的面談才能完成，因此對當事人身分的確認通常是通過相互接觸時雙方提供身分證或者法人的營業執照以及法定代表人的身分證明來完成的；而電子合同的當事人是不見面的，甚至從合同訂立到履行的整個過程都是計算機的程序在操作，因此，對當事人的身分，包括最終的電子簽名都無法採用傳統方式進行確認，而需要通過信賴的認證機構來確認。

（3）即時付款的交易方式不同。傳統即時付款的交易方式通常表現為直接的面對面的交易，而在電子商務中，這種金額較小、關係簡單的交易沒有具體的合同，表現為直接通過網絡訂購，繼而在網上支付貨款。

2.1.2 電子合同的特點

（1）電子合同依賴計算機和網絡才能訂立，因此，從合同洽談到訂立再到履行的各個環節，雙方當事人可能互不見面，只是通過網絡或者計算機程序訂立合同。當然，通過網絡訂立、履行合同，也使得交易的參與人不只是雙方當事人，還可能涉及網絡服務者、金融機構、認證機構等相關主體。

（2）電子合同的載體是電信號、光、磁等介質，其表現形式是數據電文。合同內容等信息記錄在計算機硬盤、軟盤等磁性介質中，其修改、流

專項四　電子商務交易安全

轉、儲存等過程都可以在計算機網絡內進行。

（3）電子合同所依賴的電子信息具有易消失性和易改動性。電子合同以磁性介質保存，其改動、偽造都不易留痕跡，因此，其作為證據使用與傳統的紙質合同相比具有一定局限性，除非其能夠證明或保證電子合同自最終形成時起，內容保持完整、未被更改。

（4）電子合同生效的簽字蓋章方式採用電子簽名。《中華人民共和國電子簽名法》（以下簡稱《電子簽名法》）確立了電子簽名的法律效力和簽名的具體規則。

2.1.3　電子合同的法律效力

聯合國國際貿易法委員會《電子商務示範法》第九條規定：「在任何法律訴訟中，證據規則的適用在任何方面均不得以下述任何理由否定一項數據電文作為證據的可接受性：①僅僅以它是一項數據電文為由；②如果它是舉證人按合理預期所能得到的最佳證據，以它並不是原樣為由。」聯合國國際貿易法委員會《電子商務示範法》第11條進一步規定：「對合同而言，除非當事各方另有協議，一項要約以及對要約的承諾均可通過數據電文的手段表示。若使用了一項數據電文來訂立合同，則不得僅僅以使用了數據電文為理由而否定該合同的有效性或可執行性。」同時其第12條規定：「就一項數據電文的發端人和收件人之間而言，不得僅僅以聲明或其他陳述的數據電文形式為理由而否定其法律效力、有效性或可執行性。」

《電子簽名法》第2條規定：「數據電文，是指以電子、光學、磁或者類似手段生成、發送、接收或者儲存的信息。」中國1999年頒布的《合同法》也已將數據電文列為「可以有形地表現所載內容的形式」。中國《電子簽名法》第3條規定：「當事人約定使用電子簽名、數據電文的文書，不得僅因為其採用電子簽名、數據電文的形式而否定其法律效力。」第4條規定：「能夠有形地表現所載內容，並可以隨時調取查用的數據電文，視為符合法律、法規要求的書面形式。」這樣，對於電子合同的法律承認既有了法律規範這一必要的條件，又有了對電子合同作為合同書面形式存在的確認依據，這就使得在採用電子合同以及電子簽名的方式確定權利義務關係方面有了極強的操作性和可執行性。

2.2　電子簽名

2.2.1　簽名與電子簽名

簽名，一般是指一個人用手寫筆在合同或文件上寫下自己的名字或留

下印記、印章或其他特殊符號，以確定簽名人的身分，並確定簽名人對文件內容予以認可。簽名一般是具有法律意義的行為，而不是簡單的自然事件。根據中國合同法的規定：「當事人採用合同書形式訂立合同的，自雙方當事人簽字或者蓋章時合同成立」「當事人採用技術服務合同書形式訂立合同的，雙方當事人簽字或者蓋章的地點為合同成立的地點」。因此，在《合同法》裡，雙方當事人的簽字蓋章是法律行為，訂立合同除了必須具備書面形式要件之外，還需要履行在合同上簽字或蓋章的法定程序，只有經過簽字或者蓋章的合同才具有法律約束力。

在線交易所採用的簽名方式稱為電子簽名。聯合國國際貿易法委員會在《電子簽名示範法》中給予電子簽名這樣的定義：「在數據電文中以電子形式所含、所附或在邏輯上與數據電文有聯繫的數據，它可用於鑑別與數據電文相關的簽名人和表明簽名人認可數據電文所含信息。」歐盟《電子簽名共同框架指令》中的規定與聯合國貿法會的規定基本一致，兩者都認為「以電子形式所附或在邏輯上與其他電子數據相關的數據，作為一種判別的方法」稱為電子簽名。中國《電子簽名法》第2條規定：「本法所稱電子簽名，是指數據電文中以電子形式所含、所附用於識別簽名人身分並標明簽名人認可其中內容的數據。本法所稱數據電文，是指以電子、光學、磁或類似手段生成、發送、接收或者存儲的信息。」通俗點說，電子簽名就是通過密碼技術對電子文檔的電子形式的簽名，並非僅僅是書面簽名的數字圖像化，它類似於手寫簽名或印章，也可以說它就是電子印章。在收到加密的電子文件後，收件人使用CA發布的公共鑰匙解密文件並閱讀。具體來說，電子簽名是以電子形式出現的數據，它是附著於數據電文的，並且必須能夠識別簽名人身分並表明簽名人認可與電子簽名相聯繫的數據電文的內容。電子簽名具有多種形式：附著於電子文件的手寫簽名的數字化圖像，包括採用生物筆跡鑑別法所形成的圖像；向收件人發出正式發送人身分的密碼、計算機口令；採用特定生物技術識別工具，如指紋、眼虹膜透視辨別法等。無論採用什麼樣的技術手段，只要符合中國《電子簽名法》第2條規定的條件，就是《電子簽名法》所稱的電子簽名。

2.2.2　電子簽名的法律效力

中國《電子簽名法》借鑑了《電子商務示範法》及國際組織、其他國家在電子商務、電子簽名上的相關立法，其在第10條規定：「可靠的電子簽名與手寫簽名或者蓋章具有同等的法律效力」。而電子簽名是通過數據

專項四　電子商務交易安全

電文的形式生成、發送或存儲。《電子簽名法》第4條規定：「能夠有形地表現所載內容，並可以隨時調取查用的數據電文，視為符合法律、法規要求的書面形式。」第5條又規定：「符合下列條件的數據電文，視為滿足法律、法規規定的原件形式要求：（一）能夠有效地表現所載內容並可供隨時調取查用；（二）能夠可靠地保證自最終形成時起，內容保持完整、未被更改。但是，在數據電文上增加背書以及數據交換、儲存和顯示過程中發生的形式變化不影響數據電文的完整性。」這就從法律上確認了電子簽名不僅具有法律效力，可靠的數據電文、電子簽名還被視為書面形式及原件。

2.2.3　電子簽名的可靠性

中國《電子簽名法》第14條規定可靠的電子簽名和手寫簽名或者蓋章具有同等的法律效力。第13條第1款中具體規定：「電子簽名同時符合下列條件的，視為可靠的電子簽名：（一）電子簽名製作數據用於電子簽名時，屬於電子簽名人專有；（二）簽署時電子簽名製作數據僅由電子簽名人控制；（三）簽署後對電子簽名的任何改動能夠被發現；（四）簽署後對數據電文內容和形式的任何改動能夠被發現。」

2.3　知識產權的保護

2.3.1　網絡著作權的法律保護

網絡作品是指在計算機、互聯網上出現的作品，具體指以數字化形式創作並直接在互聯網上傳播的文學、科學和藝術作品。網絡作品主要是文字表現形式的作品，除此以外，還有計算機軟件、數據庫、多媒體作品等特殊作品。2001年10月27日第九屆全國人大常委會第二十四次會議通過的《關於修改〈中華人民共和國著作權法〉的決定》中新增了一條：「信息網絡傳播權，即以有線或無線方式向公眾提供作品，使公眾可以在其個人選定的時間和地點獲得作品的權利。」這是針對網絡環境下出現的新數字化作品的著作權保護需求而增加的權利。明確規定該權利的法律地位，可以使著作權人對作品傳播方式的專有控制權延伸到網絡空間，並能直接傳播作品，行使鄰接權。這是一項與複製權、發行權、表演權和改編權等並列的新的權利。因此，以擅自下載網絡作品、擅自將他人作品上傳到網絡上等方式使用他人的作品都可能侵犯著作權人的信息網絡傳播權。當然《中華人民共和國著作權法》中也規定了12種合理使用他人的作品的情形，在這些情況下，使用人可以不經著作權人許可，也不需向其支付報

酬，但應當指明作者的姓名、作品名稱、出處等，並不得侵犯著作權人依《著作權法》所享有的其他權利。此規定對網絡作品也是適用的。

2.3.2 商標權與網絡商標的法律保護

在網絡環境下，商標的使用主要體現在廣告宣傳、產品標誌、服務標誌、網絡地址等幾種形態上。網絡地址也就是域名。域名是由 IP 地址發展而來的，簡單地說，域名就是用戶在互聯網上的名稱和數字地址，其與商標一樣，具有標誌和識別功能。域名是按照等級組成的，分為頂級域名、二級域名和三級域名。域名雖然與公司、商標、產品名稱並沒有直接的聯繫，一個企業可以給自己註冊一個與自己毫無聯繫的域名，但由於域名的唯一性，一個域名一經註冊，其他任何機構和個人一般就不得再註冊使用相同的域名。因此，企業大都以自己名稱的縮寫或商標來註冊自己的域名，這樣便於別人認識自己。於是，域名實際上就與企業名稱、產品商標或其他標誌物有了很相似的意義，故又有人將域名地址稱為「網絡商標」，認為域名是傳統意義上知識產權如商標或商號在網絡空間的延伸。在中國《互聯網絡域名管理辦法》《互聯網絡信息中心域名爭議解決辦法》及北京市高級人民法院在 2000 年發布的《關於審理域名註冊、使用而引起的知識產權民事糾紛案例的若干指導意見》、最高人民法院於 2001 年頒布的《關於審理涉及計算機網絡域名民事糾紛案件適用法律若干問題的解釋》中，對「惡意」和「惡意註冊」給了具體的界定，這些解決爭議和衝突的基本規則對於解決中國域名爭議問題起著很重要的作用。

2.4 消費者權益保護

（1）根據《中華人民共和國消費者權益保護法》（以下簡稱《消費者權益保護法》）的規定，消費者在消費過程中享有安全權、知情權、選擇權、公平交易權、求償權、結社權、獲得知識權、受尊重權、監督權這九種權利，作為經營者就要承擔相應的義務。這些權利與義務對網絡交易中的消費者及經營者也同樣適用。但迅猛發展的電子商務的銷售和消費方式又極大地改變了人們傳統的消費觀念，並對現行的《消費者權益保護法》及相關立法產生了巨大衝擊。

就消費者的知情權來說，傳統交易方式中的現場看貨、驗貨、付款在網絡交易中已經不適用，人們對產品的信息獲取完全依賴於經營者單方的信息披露。而中國現行法律對經營者義務的規定又很少，對於經營者信息以及消費交易信息，法律都沒有做出強制性的規定。

專項四　電子商務交易安全

　　求償權的行使在網絡交易中也遇到很大的問題。在網絡交易中，消費者和商家互不見面，那麼消費者的權益受到損害時應該找誰請求賠償呢？網絡交易的複雜性和不安全因素使得人們若只是單純知道商家是誰還不能完全解決問題，並且由於消費者在交易時無法切實接觸貨物，其做出錯誤購買決定的可能性便大大增加。在保護消費者合法權益的問題上，許多國家的法律都賦予了消費者在一定期間內試用商品並無條件解除合同的權利。無條件退貨或解除合同期間稱為冷卻期或猶豫期。《消費者權益保護法》修訂中正考慮加入相關內容。

　　另外，在網上訂立的合同很大程度上都是由商家擬訂或提供的，這樣可以極大提高交易的效率。但正是因為合同是由商家擬訂的（即格式合同，在電子合同中稱為「點擊合同」），有的合同可能篇幅較長，消費者可能沒有耐心讀下去（當然消費者的這種行為是不影響合同的成立的），所以合同中的不公平的、免除商家責任、加重消費者的責任、損害消費者權益的條款，如「無論商品有何瑕疵，消費者只能請求免費修理，不能退貨或求償」等，可能就會難以避免，消費者的權益就無從保護了。

　　安全權是消費者最重要的權利。例如消費者在網上購買的高壓鍋缺乏安全保障，一旦出事就會給消費者帶來人身傷害，這不但違反中國法律的相關規定，也使得消費者對網上購物更加缺乏信心。很多消費者不願使用電子商務很大程度上是因為害怕自己提供的信用卡帳號等的安全受到威脅。中國網絡商場採取的支付手段還是郵寄或當面交易，在傳統支付法律體系下，電子支付的交易安全性無法得到保障。除了人身和財產安全以外，信息產品及網絡服務的安全問題也可能會使消費者權益得不到保障，比如信息產品本身存在質量問題，就會給消費者的計算機或網絡系統帶來不安全因素，也可能產品本身攜帶有病毒或在網上傳輸過程中感染病毒，或者網絡服務商提供不能保障網絡環境及信件等傳輸的安全，給消費者帶來財產損失。

　　（2）網上個人隱私的保護。在網絡環境下，人們購買商品或接受服務時需要按照要求填寫一些個人信息資料，涉及姓名、年齡、住址、身分證號、工作單位及經濟收入等，這也是商家確認消費者身分的一種方式。另外，在相關的一些調查中，消費者還可能被問到身高、體重、生活經歷、社會交往、婚姻狀況、消費習慣、病歷、保險甚至宗教信仰等問題，而上述這些問題都是隱私，並且每一個人都有權利決定是不是將這些信息公之

於眾，這個權利就是個人隱私權。在瀏覽網站信息時，網站或商家就可能通過 cookies 記載消費者上網的記錄，然後未經個人同意將消費者瀏覽信息的內容提供給醫院、保險公司或者用人單位，這些都是網絡環境下侵害個人隱私權的表現。

對於隱私權，《中華人民共和國民法通則》第 101 條規定：「公民、法人享有名譽權，公民的人格尊嚴受法律保護，禁止用侮辱、誹謗等方式損害公民、法人的名譽。」這一規定被認為是公民隱私權保護的間接規範。中國最高人民法院在《關於貫徹執行〈中華人民共和國民法通則〉若干問題的意見（試行）》第 140 條第 1 款中靈活解釋了關於名譽權的條款，其規定：「以書面、口頭等形式宣揚他人的隱私，或者捏造事實公然醜化他人人格，以及用侮辱、誹謗等方式損害他人名譽，造成一定影響的，應當認定為侵害公民名譽權的行為。」最高人民法院又於 1993 年 8 月在《關於審理名譽權案件若干問題的解答》中規定：「對未經他人同意，擅自公布他人隱私材料或以書面、口頭形式宣揚他人隱私，致他人名譽受到損害的，按照侵害他人名譽權處理。」很多行政法規也從「用戶的通信自由和秘密受法律保護，用戶不得擅自進入未經許可的計算機系統篡改他人信息，不得在網絡上散發惡意信息，冒用他人名義發出信息」等方面對公民隱私權保護問題做出了相應的具體規定。

人們享有隱私權，同時又作為社會公眾享有知情權，當兩者及公共安全發生衝突時又應如何解決呢？首先要把握的原則是，在一般情況下，知情權優先於隱私權行使，但要注意限度；若個人隱私與公眾和整個社會的利益發生了衝突，那它就必須公開，一味強調個別人的隱私權，很有可能會損害到更多人的隱私權、健康權甚至生命權。比如，在 2003 年「非典」時期，患者如果強調自己的病情是「隱私」，就可能會貽誤治療時機，並且會因為沒有及時隔離而使更多的人被傳染。這時個人的隱私權就要讓位於公眾的知情權。

思考與練習

1. 電子商務法有哪些特徵？
2. 電子合同與傳統合同有什麼區別？

專項五　網絡營銷

主題 1　認識網絡營銷

主題引入

海爾集團自 2000 年發布網上商城網站，經過 10 年的發展，網上銷售額已達數億元，年均保持 50% 以上的增長速度。從「非典」時期的網上火爆銷售，到家電網上個性定制，海爾商城在逐步發展壯大。

1　以海爾商城為核心

海爾商城自 2008 年改版後，強化了網站導購功能，完善了網站分類樹，新增加了組合搜索功能，且從早上 8 點到晚上 9 點，客服時時在線提供導購服務。用戶進入海爾商城網站後，僅需要三步操作，就能定位要找的產品，使用快捷方便。

信息發布是網站最基本的功能，海爾在網站發布了公司的大多數信息，如產品中心、人才招聘、新聞中心等。海爾專門在首頁設置了會員中心的連結，這一點正突出了會員的重要性。海爾商城具有在線銷售功能，而站內檢索功能在網站首頁的最上方處，突顯了其重要性。

海爾商城為促進成套銷售，採用了一種新的套餐銷售模式。用戶選購參加活動的產品，可以任意形式、選擇任何數量進行組合。對消費者來

說，組合購買較單件購買更便宜。此種模式不僅解決了網上銷售對傳統渠道的直接影響，同時能給用戶最大的優惠。

海爾網站首頁如圖 5-1 所示。

圖 5-1　海爾網站首頁

傳統商場很難判斷進入商場的人是誰、有什麼潛在需求、購買能力如何、已經購買過哪些商品等，而海爾商城可以簡單做到這點。會員來到海爾商城後，系統統計功能會記錄會員的每一步操作，包括打開的網頁、在每個網頁停留的時間、上網方式等，這些零散的數據會對後期分析有直接意義。通過對這些數據進行分析，即可知道網站購物、註冊等流程是否合理，以及頁中各欄目關注度情況，這會對商城網站的持續改進提供最具參考價值的材料。

同時，對用戶的購買喜好、瀏覽軌跡，以及通過海爾商城推出的「我的產品我做主」等活動的數據分析，能準確發現用戶的購買需求，為海爾後期產品開發提供了參考依據，更重要的是為海爾後期推出網絡專供產品提供了數據參考。

產品展示信息的作用有：根據用戶數據優化商城；分析用戶瀏覽軌跡，進行數據分析；便於消費者上網瀏覽、購買；能將有競爭力的產品上網銷售。相對於傳統單一賣點展示的弱點，海爾商城採用了更開放的圖、文、視頻介紹形式，簡單易用的組合搜索功能使用戶能更方便地進行比較購物。消費者在購買產品後，可以對產品進行打分，並留言評論，以作為其他消費者選購時的客觀參考。這種做法大大提升了網店的置信度。

海爾商城通過全程的用戶數據分析這個閉環，以更低的成本進行產品

專項五　網絡營銷

研發、市場推廣渠道建設。這個閉環就是：基於網絡的用戶需求調查→產品研發→產品生產→將商品信息提供給在線商店→用戶選擇購買→物流配送到網店庫房或最終用戶→用戶信息反饋、用戶信息匯總→對新產品的需求總結（網店執行）→信息反饋給廠商→新品研發。可以看出，在這個新時期的商品流通鏈中，網店起著核心的作用。

2　淘寶特許店、零售網站合作經營等覆蓋運行

海爾商城網站作為海爾官方銷售網站，在網站功能、購物體驗上都可以不斷改善，但對比互聯網龐大的使用人群來說，單一網站的覆蓋面是有限的，而像淘寶店、零售網站合作等形式恰好對海爾電子商務銷售網絡進行了很好的延展。

近年來，淘寶在線商店的魅力讓越來越多的企業轉向了網上直銷，戴爾、索尼、聯想等公司也在淘寶開了直營店或旗艦店進行直銷。海爾採用的模式與此類傳統單一旗艦店不同，海爾採用的是加盟店模式，有效解決了單一旗艦店相對有限的網絡覆蓋面和產品展示、導購資源等方面的缺點。

海爾淘寶加盟店分兩種——僅銷售海爾產品的特許店和也可銷售其他產品的加盟店。海爾從發布招商信息起，短短兩個月就發展了近百家加盟店，加盟速度和銷售額增長都非常迅速。

海爾商城最早與零售網站合作是針對海外華人用戶的，合作的對象是遊子禮品網，是為方便海外華人為國內親人、朋友購買產品開辦的。近年來，海爾又不斷發展了品牌家電網等一批銷售海爾家電產品的合作網站。海爾有效使用了這些網站，擁有了相對固定的用戶群體。

海爾商城目前已與網站聯盟（CPS）合作，同時，其計劃盡快實施論壇、門戶等網站營銷。隨著這些方式的不斷推進，海爾網上直銷 B2B/B2C 正逐步成長著，其以海爾商城網站為核心，廣泛覆蓋淘寶網、論壇社區、團購網站、地方門戶等多種網絡分支。

目前，不僅大企業開始重視網絡營銷，對中小企業而言，網絡營銷的優勢也開始凸顯。網絡營銷並不是單純指網上直接銷售，還包括企業網上宣傳、網上市場調查、網絡分銷渠道建設等許多層面。正確認識網絡營銷的特徵和優勢，選擇相應的網絡營銷方法，對企業的發展具有重要作用。那麼，什麼是網絡營銷？它又包括哪些內容呢？

相關知識

1 網絡營銷的內涵

1.1 網絡營銷的定義

網絡營銷是企業整體營銷戰略的一個組成部分，是為實現企業總體經營目標所進行的以互聯網為基本手段營造網上經營環境的各種活動，包括信息發布、信息收集以及開展以網上交易為主的電子商務的整個過程。

1.2 網絡營銷的層次

網絡營銷已經成為不可迴避的商業命題，它不僅僅是一種新的技術或手段，更是一種影響企業未來生存及長遠目標的選擇。根據企業對網絡作用的認識及應用能力的劃分，企業網上營銷可以劃分為如下五個層次：

1.2.1 企業網上宣傳

這是網上營銷最基本的應用方式。它是在把互聯網作為一種新的信息傳播媒體的認識基礎上開展的營銷活動。

建立企業網站是企業上網宣傳的前提。互聯網讓企業擁有一個屬於自己而又面向廣大網上受眾的媒體，而且這一媒體的形成是高效率、低成本的。企業網站信息由企業定制，沒有傳統媒體的時間、版面等限制，也可伴隨企業的進步發展不斷即時更新；企業網站可應用虛現實等多媒體手段吸引受眾並與訪問者進行雙向交流，及時有效地傳遞並獲取有關信息。這些都是吸引企業上網宣傳、使其由內部或區域宣傳轉向外部和國際信息交流的重要因素。

企業網上宣傳是網絡營銷的起步和基礎，也是目前大部分中國企業網站的基本目標。建網站並不斷更新、增添信息，網站才會有生命力，企業網上宣傳才有可能成功。

1.2.2 網上市場調研

調研市場信息，從中發現消費者需求動向，從而為企業細分市場提供依據，是企業開展市場營銷的重要內容。

網絡首先是一個信息場，為企業開展網上市場調研提供了便利。軟件業對此已經進行了較為充分的利用，如各種軟件測試版、共享版在網上發布，供上網者下載使用；通過留言、電子郵件等手段收集軟件使用信息，

專項五　網絡營銷

從而為確定軟件性能、市場對象等提供強有力的依據。這一無形的調研過程是高效而低成本的，同時還能起到擴大網站和企業知名度的作用。一般企業開展網上市場調研活動有如下兩種方式：

（1）借助 ISP 或專業網絡市場研究公司的網站進行調研。

（2）企業在自己的網站進行市場調研。網上市場調研作為一種新的市場調查方式，已經受到一些國內企業的重視，一些網絡服務業開展了一系列網上調研，取得了較好的效果。

1.2.3　網絡分銷聯繫

企業傳統的分銷渠道仍然是企業的寶貴資源，但互聯網所具有的高效、及時的雙向溝通功能的確為加強企業與其分銷商的聯繫提供了平臺。

企業通過網絡構築虛擬專用網絡，將分銷渠道的內部網融入其中，可以及時瞭解分銷過程的商品流程和最終銷售狀況，這將為企業及時調整產品結構、補充脫銷商品，以及分析市場特徵、即時調整市場策略等提供幫助，從而為企業降低庫存、採用即時生產方式創造了條件。而對於商業分銷渠道而言，網絡分銷也開闢了及時獲取暢銷商品信息、處理滯銷商品的空間，從而加速了銷售週轉。

網絡加強了製造企業與分銷渠道的緊密聯繫，使分銷成為企業活動的自然延伸，加強了雙方市場的競爭力。這種聯繫方式已經成為企業生存的必然選擇，並迅速向國際化發展。

1.2.4　網上直接銷售

數量眾多的無形商場已經在網絡上開張營業，它們就是從事網上直接銷售的網站。網絡是企業和個人相互面對的平臺，是直接聯繫分散在廣闊空間中數量眾多的消費者的最短渠道。它排除了時間的耽擱和限制，取消了地理的距離與障礙，並提供了更大範圍的消費選擇機會和靈活的選擇方式，因此，網上直接銷售為上網者創造了實現消費需求的新機會。

網上直接銷售不僅是面向上網者個體的消費方式，也包含企業間的網上直接交易，它是一種高效率、低成本的市場交易方式，代表了一種新的經營模式。

由於網上直接銷售合併了全部中間銷售環節，並提供了更為詳細的商品信息，買主能更快、更容易地比較商品特性及價格，從而在消費選擇上居於主動地位。對於賣方而言，這種模式幾乎不需要銷售成本，而且能立即完成交易。

1.2.5　網上營銷集成

網絡是一種新的市場環境，這一環境不只會對企業的某一環節和過程產生重大影響，還將在企業組織、運作及管理觀念上產生重大影響。一些企業已經迅速融入這一環境，依靠網絡與原料商、製造商、消費者建立密切聯繫，並通過網絡收集傳遞信息，從而根據消費需求，充分利用網絡夥伴的生產能力，實現產品設計、製造及銷售服務的全過程。這種模式稱為網上營銷集成，應用這一模式的代表有思科、戴爾等公司。

在思科公司的管理模式中，網絡無孔不入，它在客戶、潛在購買者、商業夥伴、供應商和雇員之間形成緊密聯繫，從而成為一切環節的中心。它使供應商、承包製造商和組裝商隊伍渾然一體，成為思科的有機組成部分。思科70%的產品製造通過外包方式完成，並由外部承包商送至顧客手中，這樣不僅節約了開支，也節省出更多的人力資源充實到研發部門，進一步加強了思科的競爭優勢。

按用戶訂單裝配計算機的戴爾公司利用網絡進一步加強了效率與成本控制。戴爾公司通過網絡，每隔兩小時向公司倉庫傳送一次需求信息，並讓眾多的供貨商瞭解生產計劃和存貨情況，以便及時獲取所需配件，從而在處理用戶定制產品和交貨方面達到無人能比的速度。每天約有3,000萬元的戴爾計算機在網上賣出，而且由於網絡能即時聯繫合作夥伴，戴爾計算機的存貨率遠遠低於同行。

網上營銷集成是對網絡的綜合應用，是網絡對傳統商業關係的整合，它使企業真正確立了市場營銷的核心地位。企業的使命不是製造產品，而是根據消費者的需求，組合現有的外部資源，高效地輸出一種滿足這種需求的品牌產品，並提供服務保障。在這種模式下，各種類型的企業通過網絡緊密聯繫、相互融合，並充分發揮各自優勢，形成共同進行市場競爭的夥伴關係。

2　網絡營銷的功能

2.1　信息搜索

信息搜索是網絡營銷的基礎。進行營銷活動，必須瞭解網民獲取信息的渠道是哪些，如何取得這些信息，怎樣能使網絡瀏覽者優先選擇這些信息。

信息渠道是網絡營銷的關鍵。人們會主動查找渠道，也會被動地獲得

專項五　網絡營銷

渠道。現在人們都有一些獲得信息的渠道——要看新聞可以去門戶新聞類網站（新浪、搜狐等），要查找特定的信息會用搜索引擎（百度、谷歌等）。這些都是一些常用的信息渠道。搜索引擎這種工具不論是在門戶還是其他類型的網站上都會被應用，並且搜索信息每時每刻都在被人們使用。

搜索引擎通過將各條信息陳列的形式將各種各樣的信息帶到了人們面前。信息排得越靠前就越容易獲得瀏覽可能，而瀏覽就可能帶來商機。

人們也利用搜索引擎技術和排列的方式將有關信息帶給網民們。同樣，信息越靠前就越有被購買和詢價的可能。做營銷首先就是要在搜索頁面上使自己的信息領先於其他的競爭對手，這樣才有機會贏得市場。最方便的商業信息獲取地就是搜索引擎和行業網站。要優先獲得被瀏覽的機會可以通過幾種方法：競價廣告、固定排名、普通排名中的 SEO 技術。這些方法都可以使企業的網上信息的排名靠前，且企業還可將網上點擊率轉化為利潤。

2.2　信息發布

網站是一種信息載體，通過網站發布信息是網絡營銷的主要方法之一。通過互聯網，人們不僅可以瀏覽到大量商業信息，同時還可以自己發布信息。最重要的是，要將有價值的信息及時發布在網上，以充分發揮網站的功能，比如新產品信息、優惠促銷信息等。同時，信息發布也是網絡營銷的基本職能。無論採用哪種網絡營銷方式，結果都是將一定的信息傳遞給目標人群：顧客、潛在顧客、媒體、合作夥伴、競爭者等。網絡營銷可以採用多種方式，如友情連結、郵件列表、論壇等，這些都可以取得較好的營銷效果。

2.3　網上調研

通過在線調查表或者電子郵件等方式，可以完成網上市場調研。相對於傳統的市場調研，網上調研具有高效率、低成本的特點，因此，網上調研成為網絡營銷的主要職能之一。

網絡營銷中的市場調研具有重要的商業價值。網絡營銷調研是指在互聯網上針對特定營銷環境進行簡單調查設計、收集資料和初步分析的活動。網絡營銷調研有兩種方式，一種是利用互聯網直接進行問卷調查，收集一手資料，例如在網上利用問卷直接進行的「中國互聯網現狀與發展」調查就是網上直接調查；另一種是從互聯網收集二手資料，這種方式一般

83

稱為網上間接調查。網絡營銷調研的內容一般針對市場需求、消費者購買行為和營銷因素等幾個方面。

2.4 開拓銷售渠道

一個具備網上交易功能的企業網站本身就是一個網上交易場所。網上銷售是企業銷售渠道在網上的延伸，網上銷售渠道建設也不限於網站本身，還包括建立在綜合電子商務平臺上的網上商店及與其他電子商務網站不同形式的合作等。

網絡營銷渠道有兩種，即網絡直銷和網絡間接銷售。

網絡直銷是指生產者通過互聯網直接把產品銷售給顧客的分銷渠道。目前，直銷的通常做法有兩種：一種做法是企業在互聯網上建立自己的站點，申請域名，製作主頁和銷售網頁，由網絡管理員專門處理有關產品的銷售事務；另一種做法是委託信息服務商在其網點發布信息，企業利用有關信息與客戶聯繫，直接銷售產品。

2.5 建立網絡品牌

網絡營銷的重要主題之一就是在互聯網上建立並推廣企業的品牌。如此，知名企業的網下品牌在網上得以延伸，一般企業則可以通過互聯網快速樹立品牌形象，並提升企業整體形象。網絡品牌建設是以企業網站建設為基礎的，其通過一系列的推廣措施，達到顧客和公眾對企業的認知和認可。在一定程度上來說，網絡品牌的價值甚至高於通過網絡獲得的直接收益。

2.6 推廣企業網站

這是網絡營銷最基本的職能之一。幾年前，人們甚至認為網絡營銷就是推廣企業網站。相對於其他功能來說，網址推廣顯得更為迫切和重要。網站所有功能的發揮都以一定的訪問量為基礎，所以，網址推廣是網絡營銷的核心工作之一。

2.7 管理客戶關係

良好的顧客關係是網絡營銷取得成效的必要條件。企業在開展網上顧客服務的同時，利用網站的交互性，通過顧客參與等方式，增進了顧客關係。互聯網提供了更加方便的在線顧客服務，如利用形式最簡單的 FAQ（常見問題解答）、郵件列表，以及 BBS、MSN、聊天室等提供的服務。顧客服務質量對網絡營銷效果具有重要影響。

專項五　網絡營銷

3　網絡營銷的特點

3.1　虛擬性

由於網絡使得傳統的空間概念發生了變化，出現了有別於實際地理空間的虛擬空間或虛擬社會。在這一過程中，所有的企業都站在同一條起跑線上，企業可以充分運用網絡的影響力，改變與競爭者之間的競爭力對比格局。

在網絡上，經營者向消費者提供豐富的產品信息，而且力求做到操作界面友好、操作方便，消費者可以通過網絡比較各種同類商品的性價比，然後做出購買決定。消費者不需要到很遠的商店，坐在家中的計算機前就可以逛虛擬的商店併購物，通過網絡付款。在網上，一切都變得非常簡單。同時，在使用過程中發生的問題，消費者可以通過網絡與廠家隨時取得聯繫，得到來自賣方及時的技術支持和售後服務。

網絡營銷的虛擬性簡化了購物環節，節省了消費者的時間和精力，將購買中的麻煩減少到最少，購物的過程方便快捷。對消費者來說，網上購物不是一種沉重的負擔，有時甚至還是一種休閒、一種娛樂和一種享受。

3.2　互動性

網絡可以實現經營者和顧客之間的雙向溝通。企業通過在網上展示自己商品的圖像，再利用商品信息資料庫提供有關的查詢，來實現與顧客的供需互動與雙向溝通。企業還可以進行產品測試、消費者滿意調查等活動。互聯網為產品聯合設計、商品信息發布和各項技術服務提供了最佳工具。公司可以根據顧客需求提供特定的產品和服務，具有很強的針對性和時效性，可大大地滿足顧客需求。在網絡環境下，企業可以通過電子布告欄、在線討論廣場、電子郵件等方式，以極低的成本在營銷全過程中對消費者提供即時的信息搜索服務，同時消費者也能對產品的設計、包裝、定價、服務等發表意見。這種雙向互動的溝通方式提高了消費者的參與積極性，更重要的是企業的決策制定也有了方向。如此，企業營銷策略的針對性增強了，這十分有利於企業全程目標的實現。

3.3　個性化

在網絡營銷中，可以借助於計算機和網絡，適應個人的需要，有針對性地提供低成本、高質量的產品或服務。

互聯網上的促銷是一對一的、理性的、消費者主導的、非強迫性的、

循序漸進式的，而且是一種低成本與人性化的促銷，避免了推銷員強勢推銷的干擾，並通過信息提供與交互式交談，與消費者建立長期良好的關係。

企業通過互聯網可以提供更具特色的服務。例如到戴爾公司的網站購買計算機，戴爾公司可以將消費者挑選的部件迅速組裝，改變了「企業提供什麼，用戶接受什麼」的傳統方式，提供了「用戶需要什麼，企業提供什麼」的新方式。

企業利用一些智能軟件技術可以為用戶提供專門服務，用戶可以根據自己的需求，選擇自己需要的服務，幫助企業實現與消費者的一對一溝通，使企業提供一對一的個性化服務。

3.4 全球性

由於網絡突破了國界和地區的限制，整個世界的經濟活動都緊緊聯繫在一起。信息、貨幣、商品和服務快速流動，大大加快了世界經濟一體化的進程。

利用互聯網，企業可以將產品介紹、技術支持、訂貨情況等信息放到網上。在網上，企業面對的是全球的市場，其克服了為消費者提供服務時的空間限制，消費者可以隨時隨地根據自己的需求有選擇性地瞭解有關信息。

3.5 時間性

互聯網能夠超越時間約束和空間限制進行信息交換，這使得脫離時空限制進行交易變成可能。企業有了更多時間和更大的空間進行營銷，可以每週7天、每天24小時地提供全球性營銷服務。消費者可以根據自己的時間安排接受服務。即使深夜想買東西，消費者也可以立即在網上查詢購買。

4 網絡營銷的應用

當今市場競爭日趨激烈，企業為了取得競爭優勢，想方設法吸引消費者，傳統的營銷已經很難提供新穎獨特的方法幫助企業在競爭中獲勝了。市場競爭已不再依靠表層的營銷手段，經營者迫切需要更深層次的方法和理念來開展營銷活動。

網絡營銷的產生給企業的經營者帶來了福音。企業開展網絡營銷，可以節約大量昂貴的店面租金、減少庫存商品的資金占用、不受場地限制、方便地採集客戶信息等。這些好處讓企業經營的成本和費用降低、運作週期變短，從根本上提高了企業的競爭力。

企業應根據自己從事的電子商務的類型，正確認識企業開展網絡營銷

專項五　網絡營銷

的現狀，選擇合適的網絡營銷模式和方法，有效使用網絡營銷工具及資源，為企業自身的發展注入強大活力。

技能訓練

請登錄海爾商城中國官方網站，分析其網絡營銷模式。

思考與練習

1. 簡述網絡營銷產生的基礎。
2. 網絡營銷的基本功能是什麼？
3. 網絡營銷有哪些模式？
4. 根據海爾案例，說一說網絡營銷有哪些優勢。

主題 2　網絡營銷調研

主題引入

企業開展網絡營銷，就要做網絡營銷調研。近幾年，某些地區出現了一些生產、銷售綠茶的企業。由於本地市場規模有限，競爭激烈，不少企業把目光投向網絡，希望借助網絡營銷開發外地市場。喜晨源綠茶廠就是其中一家。

喜晨源綠茶廠需要瞭解綠茶的潛在市場和銷售量的大小，瞭解客戶的意見、消費偏向、購買能力等，並據此進行分析，確定企業的目標市場，分析市場銷售形勢和競爭態度，作為開發網絡市場的重要依據。

相關知識

1　網絡營銷調研的定義

網絡營銷調研是指在網絡上針對特定營銷環境進行簡單調查設計、收

集資料和初步分析的活動。網絡營銷調研的內容一般針對市場需求、消費者購買行為、營銷因素等幾方面。

2 網絡營銷調研方法

網絡營銷調研有兩種方式,一種是利用網絡直接進行問卷調查等收集一手資料;另一種是利用互聯網的媒體功能,在網絡上收集二手資料。後者一般稱為網上間接調查。

2.1 網絡直接市場調查

這種調查方式主要採用站點法輔以電子郵件法通過互聯網直接進行。網絡直接調查的突出特點是時效性很強、效率很高,初步調查結果可以在調查過程中得出,便於即時跟蹤調查過程,分析深層次原因。

2.1.1 站點法

站點法是指將調查問卷設計成網頁形式,附加到一個或幾個網站的Web網頁上,由瀏覽這些站點的用戶在線回答調查問題的方法。站點法屬於被動調查法,這是目前網上調查的基本方法,其也將成為近期網上調查的主要方法。海爾公司在網上利用問卷直接進行的調查就是網上直接調查。

2.1.2 電子郵件法

電子郵件法是以較為完整的電子郵件地址清單作為樣本框,使用隨機抽樣的方法通過電子郵件發放問卷,並請調查對象以電子郵件的形式反饋答卷。

2.2 網絡間接市場調查

網絡間接市場調查信息的來源如下:

2.2.1 利用搜索引擎

搜索引擎是互聯網上的一種網站,其功能是在網上主動搜索Web服務器的信息,並將其自動索引,其索引內容存儲於可供查詢的大型數據庫中。常用的搜索引擎有百度、谷歌等。

2.2.2 訪問專業信息網站和國際組織

通常這些專業信息網站都是由政府或一些業務範圍相近的企業或某些網絡服務機構創辦的,如中國廣告信息網、中國商品交易市場網、中國機電工商網、中國糧食貿易網等。

現列舉幾個國際組織如下:

專項五　網絡營銷

（1）聯合國（United Nations）。其出版有關國際的和國別的貿易、工業和其他經濟方面的統計資料，以及與市場發展問題有關的資料。

（2）國際貿易中心（International Trade Center）。其提供各種產品的研究、各國市場介紹資料，還設有答復諮詢的服務機構，專門提供由計算機處理的國際市場貿易方面的全面、完整、系統的資料。

（3）國際貨幣基金組織（International Monetary Fund）。其出版有關各國和國際市場的外匯管理、貿易關係、貿易壁壘、各國對外貿易、財政經濟發展情況等資料。

（4）世界銀行（World Bank）。

（5）世界貿易組織（World Trade Organization）。

此外，一些國際性和地方性組織提供的信息資料，對瞭解特定地區或國際經濟集團和經濟貿易、市場發展、國際市場營銷環境也是非常有用的。

2.2.3　通過新聞組（Usenet）獲取商業信息

隨著互聯網的發展，一些商業機構或企業迅速進入新聞組，使其逐漸喪失非商業化的初衷，各種商業廣告散布其中，純商業性的討論組也大量湧現。因此，通過這類新聞組獲取商業信息也是途徑之一。如 www.dejanews.com 是 Web 界面的新聞組，帶有查詢功能，其集中了一萬多個討論組，用戶可以很方便地搜索自己所需的信息。

2.2.4　利用 BBS 獲取商業信息

在互聯網日趨商業化的今天，能夠吸引無數上網者的 BBS 當然也會成為商業活動的工具。如今，網上有許多商用 BBS 站點，如網易 BBS 站點。另外還有一些網絡服務機構在網站上開設了商務討論區，如金橋信息網和中國黃頁供求熱線。

2.2.5　通過其他企業的產品網上買賣掌握市場信息

對於其他企業推出的新產品，我們可以通過分析其網上買賣情況，瞭解消費者的傾向和心理，掌握市場趨勢，從而制定相應的市場營銷策略。我們可以到淘寶網、易趣網、當當網等網站查看其他企業的經營狀況，如產品的價格、包裝、品質、目標人群等，以此來制定本企業的營銷策略。

3　網絡營銷調研流程

3.1　制定網絡營銷調研的目標

在設計網絡市場調查問卷之前，應首先確定調查的目標，即在此次市

場調查中，希望達成什麼樣的目標。如前面提到的喜晨源綠茶廠，其在市場調研中可能會希望得到以下信息：市場對日照綠茶的需求，網絡購買者的購買動機，購買者一般通過什麼途徑購買，網上綠茶的等級標準、價格、包裝，以及影響綠茶銷售的一些其他因素等。

3.2 確定網絡營銷調研的對象

網絡市場調查的對象，主要分為企業產品的消費者、企業的競爭者兩大類。上述調查主要考慮網絡購買者的個人特徵、消費水平、消費習慣產生的對產品的要求，如綠茶的包裝規格、價格等。對競爭者的調研主要集中在日照本地幾家綠茶廠的網絡營銷狀況上。

3.3 制訂有效的調查計劃

網絡營銷調研首先必須確定是收集一手資料還是二手資料。上述調查主要使用兩種方法，一是進行問卷調查，二是收集二手資料。

(1) 設計調查問卷。

(2) 將調查問卷投放到本企業的網站或其他網站上去。

(3) 採用搜索引擎，或利用一些專業網站收集相關信息。

(4) 採取網上交流的形式，如用電子郵件傳輸問卷等，接觸調查的主體。

(5) 到主要競爭對手的網站或店鋪收集相關信息。

3.4 搜集、整理信息

利用互聯網做市場調查，可同時在全國或全球進行。信息搜集的方法也很簡單，直接在網上遞交或下載即可。

3.5 分析信息

信息分析的能力相當重要，因為很多競爭者都可從一些知名的商業站點看到同樣的信息。調查人員應從收集的數據中提煉出與調查目標相關的信息，並在此基礎上對有價值的信息迅速進行反應。

3.6 提交報告

調研報告的填寫是整個調研活動的最後一個階段。報告不是數據和資料的簡單堆砌，調研人員不能把大量的數字和複雜的統計技術直接交給管理人員，而應把與市場營銷關鍵決策有關的主要調查結果寫出來，並以正規格式書寫調查報告。

公司應該妥善利用這些調查得來的信息，從而改善企業的產品與服務。即使調查結果存在某些不合理的地方，也應該以客觀的、顧客的角度

專項五　網絡營銷

來理解調查所獲得的信息，而不是僅僅將調查信息放置在一邊。

企業應通過以上這些有效的方法，促使被調查者積極參與調查。另外，企業要能夠理解這次調查的目的是提供更好的產品與服務，而且能夠從參與的調查中獲得物質上的收益。

主題實施

（1）根據上述內容，設計以下調查問卷：

先生/女士：

您好！為了瞭解您對日照綠茶的需求，我們希望您能協助填寫這份調查表。調查結果僅供研究使用。非常感謝您的大力支持！

年齡：A. 18歲以下　B. 18~25歲　C. 26~35歲

性別：A. 男　B. 女

職業：A. 學生　B. 自由工作者　C. 公司職員　D. 家庭主婦　E. 其他

①您經常訪問哪些購物網站：

A. 淘寶網　B. 易趣網　C. 當當網　D. 卓越網　E. 拍拍　F. 其他

②您是通過何種途徑瞭解日照綠茶的：

A. 網絡宣傳　B. 朋友介紹　C. 商店出售　D. 其他　E. 我不瞭解

③您對網上購物的顧慮是（可多選）：

A. 網絡安全（信用卡信息、個人信息等）　B. 貨物質量　C. 配送速度　D. 配送費用　E. 網頁設計不好，查找和訂貨困難　F. 登記手續繁瑣　G. 售後服務無保證　H. 其他

④如果在網上購物，哪種支付方式更適合您（單選題）：

A. 貨到付款　B. 郵局電匯　C. 信用卡付款　D. 銀行轉帳　E. 網上支付

⑤您喝茶的頻率：

A. 一天多次　B. 一天一次　C. 一週幾次　D. 不怎麼喝

⑥您喝過日照綠茶嗎：

A. 經常喝　B. 從未喝過　C. 偶爾　D. 會嘗試一下

⑦您對綠茶的包裝規格有什麼要求：

A. 10克以下的小包裝　B. 50~250克的包裝　C. 250克的包裝

D. 500克的包裝

⑧您對綠茶的等級有什麼要求：

A. 等級越高越好　B. 便宜的　C. 一般的

⑨您認為目前網上日照綠茶的價格如何：

A. 高　B. 便宜　C. 正常

⑩您在網上購買綠茶更看重（單選題）：

A. 產品的質量　B. 公司的信譽　C. 價格　D. 包裝　E. 隨便買

⑪您希望購買到什麼樣的日照綠茶？請簡單描述一下。

（2）將上述問卷投放到本企業的網站。

（3）採用搜索引擎，或利用一些專業網站收集相關信息。

（4）採取網上交流的形式，如用電子郵件傳輸問卷，接觸調查的主體。

（5）到主要競爭對手的網站或店鋪收集相關信息。參與市場經營的企業是市場信息的重要來源之一，因此可以寫信給這些企業的外聯部門索取商品目錄、產品資料、價目表、經銷商、代理商、批發商和經紀人一覽表、年度報告等，得到有關競爭者的大量資料，瞭解競爭的全貌和競爭環境。

（6）企業市場調查人員也可以在各種傳播媒體上，如報紙、電視或有關雜誌上刊登相關的調查問卷，並公告企業的電子郵箱和網址，讓消費者通過電子郵件回答自己想要調查的問題，以此收集市場信息。採用這種方法，調研的範圍比較廣，同時可以減少網絡營銷調研中相應的人力和物力消耗。

經過網絡調研，喜晨源綠茶廠與當地一所院校的電子商務專業合作，在淘寶網上開店。由於前期調研充分，喜晨源取得了不錯的銷售成績。

思考與練習

針對當地某一農特產品，設計網絡市場調研問卷。

專項五　網絡營銷

主題 3　信息發布與推廣

主題引入

某公司研製生產了一種新產品，在瞭解網絡推廣的優勢之後，希望能夠通過網絡進行推廣。該公司可以採用哪些推廣方式呢？

相關知識

一般來說，常見的網絡推廣方式有網絡廣告宣傳、BBS 與新聞組宣傳、郵件列表宣傳、搜索引擎推廣。

1　網絡廣告宣傳

網絡廣告宣傳就是通過互聯網在網站上或網頁上以各種形式發布企業產品信息的活動。

1.1　網絡廣告的類型

1.1.1　按鈕型廣告

其通常是一個連結著公司的主頁或站點的公司標誌，並註明「Click me」字樣，希望網站瀏覽者主動來點擊。

1.1.2　圖標廣告

圖標廣告顯示了公司或產品的圖標，點擊後可直接連結到廣告企業的站點。

1.1.3　旗幟廣告

網絡媒體在自己網站的頁面中留出一定大小的空間發布廣告，由於此空間像一面旗幟，故其中的廣告被稱為旗幟廣告。

1.1.4　主頁型廣告

此類廣告是將企業所要發布的信息內容分門別類製作成主頁，放在網絡服務商的站點或企業自己建立的站點上。

1.1.5　分類廣告

分類廣告是充分利用計算機網絡的優勢，對大規模的生活實用信息，

按主題進行科學分類,並提供快速檢索的一種廣告形式。

1.1.6　列表分類播放型廣告

利用電子郵件列表和新聞組列表,將客戶的廣告信息按信息類別發向相應的郵件地址和新聞組。

1.1.7　電子雜誌廣告

利用免費訂閱的電子雜誌發布廣告。

1.1.8　新聞式廣告

利用網上虛擬社區或者公告欄 BBS 發布有關產品、企業的廣告信息。

1.1.9　文字連結廣告

文字連結廣告採用文字標誌的方式,讓客戶可以在點擊後連結到相關網頁。

1.1.10　移動廣告

該廣告是一種可以在屏幕上移動的小型圖片廣告,用戶用鼠標點擊該小型圖片時,該移動廣告會自動擴大展示。

1.1.11　通欄廣告

通欄廣告橫貫頁面,十分搶眼。

1.1.12　巨型廣告

巨型廣告一般要占屏幕三分之一的空間。

1.1.13　全屏廣告

全屏廣告是指在用戶打開當前網頁時,強制插入一個廣告頁面或彈出廣告窗口,其類似於電視廣告,都是打斷正常節目的播放,強迫用戶觀看。該廣告是全屏的,有靜態的也有動態的。瀏覽者可以通過關閉窗口不看廣告,但是這種廣告的出現沒有任何徵兆。

1.1.14　網上視頻廣告

廣告的形式為視頻。

1.2　網絡廣告的發布

1.2.1　主頁形式

建立自己的主頁對於大公司來說是一種必然的趨勢,如前面提到的海爾、戴爾等企業都是這麼做的。

1.2.2　通過網絡內容服務商(ICP)

國內有許多 ICP,如新浪、搜狐等,它們都提供大量的新聞、評論、財經信息等。

專項五　網絡營銷

1.2.3　利用專類銷售網
這是一種專類產品直接在互聯網上進行銷售的方式。

1.2.4　利用免費的網絡服務
免費的互聯網服務能幫助公司將廣告主動送至使用該免費服務又想查詢此方面內容的用戶手中。

1.2.5　採用黃頁形式
在這些頁面上做廣告針對性強、效果明顯。

1.2.6　列入企業名錄
一些互聯網服務提供者（ISP）或政府機構會將一些企業信息融入主頁。

1.2.7　借助網上報紙或雜誌
一些世界著名的報紙和雜誌，紛紛在互聯網上建立自己的 Web 主頁。

1.2.8　建立虛擬社區和公告欄（BBS）
任何成員都可以在上面發表自己的觀點和看法，但要注意遵循網絡禮儀，否則將適得其反。企業可以在上面發布有關自己產品和服務的廣告。

1.2.9　使用新聞組
這也是一種常見的網絡服務，它與公告牌的功能相似。

1.2.10　使用電子郵件發布廣告
企業可以向用戶的郵箱發送電子郵件，郵件中包含產品、促銷等信息，如此，可以吸引用戶瀏覽郵件內容並訪問企業網站，達到廣告宣傳效果。

2　BBS 與新聞組宣傳

2.1　BBS
企業可以利用電子布告板、電子白板、電子論壇、聊天室、留言板等，在互聯網上發布有關自己產品和服務的信息。

BBS 分為綜合類和專業類。綜合類 BBS 是指涉及時事、政治、國內外重大事件等範疇的綜合性、新聞性的跟帖和論壇、留言板等，專業類 BBS 指限於學術論壇、商業信息、文化藝術、體育科技等範疇的電子公告服務。

校園 BBS 中心建立以來，得到迅速發展。目前，很多大學都有了 BBS。清華大學、北京大學等都建立了自己的 BBS 系統，清華大學的水木

清華很受學生和網民們的喜愛。大多數 BBS 是由各校的網絡中心建立的，當然也有私人性質的 BBS。

商業 BBS 主要用來進行商業宣傳、產品推薦等。目前，手機的商業站、計算機的商業站、房地產的商業站比比皆是。

專業 BBS 是指政府機構和公司的 BBS，它主要用於建立地域性的文件傳輸和信息發布系統。

情感 BBS 主要用於交流情感，是許多娛樂網站的首選。

有些個人主頁的製作者們在自己的個人主頁上建設了 BBS，以便與大家進行溝通。

2.2 新聞組

新聞組是網絡上的一個區域，人們在這裡通過張貼和讀取有關自己和社區中其他人共同感興趣的主題的消息來進行信息交互。

互聯網上有大量的新聞組和論壇，人們經常就某個特定的話題在上面展開討論並發布消息，其中當然也包括商業信息。企業可以考慮利用新聞組和論壇來擴大宣傳面。

3 郵件列表宣傳

電子郵件營銷是在用戶事先許可的前提下，通過電子郵件的方式向目標用戶傳遞有價值的信息。

目前，使用郵件列表來發布產品信息已成為企業普遍使用的營銷手段。按照發送信息是否經過用戶許可劃分，電子郵件營銷可以分為許可電子郵件營銷和未經許可的電子郵件營銷。未經許可發送的電子郵件就是我們通常所說的垃圾郵件。正常的電子郵件營銷都是基於用戶許可的，因此，收集用戶電子郵件地址是開展電子郵件營銷的基礎。企業為獲得足夠的可用資料，有時需要投入大量的時間和錢。獲取潛在用戶郵件地址的主要途徑有查看現有用戶的資料、一般註冊會員的資料、各種郵件列表訂戶的資料等。

美國一家銷售和營銷研究公司近期公布的一項調查報告顯示，在網絡商業營銷方面，經用戶允許的電子郵件營銷方式，其成本是直郵的五分之一，是網上招牌廣告的二十分之一。

經允許的電子郵件不但受到消費者的歡迎，而且答復率遠遠高於直郵和網上廣告。未經允許的電子郵件，會被許多消費者當成傳銷或詐騙，從

專項五　網絡營銷

而公司形象會受到損害。

由於經允許的電子郵件營銷成本低廉,而且效果好,美國許多大公司已將其列為頭號營銷策略。據預測,今後為獲得「允許」,美國大公司間將展開競爭。2010年,用於電子郵件營銷的投資達10億美元,這筆錢大部分用在了保持和擴大電子郵件營銷對象群以及經營好有關的數據庫上。美國許多大公司掌握的電子郵件地址一般在30萬個以上,而且每年都在增加。

下面介紹電子郵件營銷的步驟。

3.1　收集電子郵件地址

只有取得目標客戶的電子郵件地址,才能有目的地向其寄發電子郵件。收集電子郵件地址有兩種辦法,一種是利用專門的軟件進行搜索或者向專門收集電子郵件地址的個人或者組織購買;另一種是利用郵件列表獲取郵件地址,而這種地址一般針對性更強,營銷效果更好,因為只有對網站感興趣的人才會加入郵件列表。

3.2　撰寫電子郵件

撰寫電子郵件必須注意遵守網絡禮儀與規範,認真撰寫。向他人發送的電子郵件,一定要精心構思,認真撰寫。若是隨想隨寫,則既不尊重對方,也不尊重自己。在撰寫電子郵件時,要做到主題明確、語言流暢、內容簡潔。企業可留下詳細的聯繫方式,如電話、手機、QQ等。

3.3　寄發電子郵件

3.3.1　單獨寄發

針對目標客戶,單獨寄發企業郵件。

3.3.2　郵件群發

如果企業需要定期發送大量的電子郵件,可以使用專門的群發軟件進行郵件群發。

3.3.3　自動回復

自動回復軟件能幫助企業自動回復一份準備好的文件。

3.4　電子郵件促銷效果評估

3.4.1　開信率

開信率就是被收件人打開的郵件占企業發出的郵件的比率。

3.4.2　點閱率

點閱率是指在打開郵件的收件人中,實際點擊過郵件裡所列出的超連

結的人所占的比率。

3.4.3 說服率

說服率是指收件人在讀完郵件信息後，同意接受或購買企業所推薦銷售的服務或產品等的比率。

4 搜索引擎推廣

搜索引擎推廣是通過搜索引擎優化、搜索引擎排名，以及研究關鍵詞的流行程度和相關性，在搜索引擎的結果頁面取得較高的排名的營銷手段。

搜索引擎優化對網站的排名至關重要，因為搜索引擎在通過 Crawler（或者 Spider）程序收集網頁資料後，會根據複雜的算法（各個搜索引擎的算法和排名方法是不盡相同的）決定網頁針對某一個搜索詞的相關度並決定其排名。當客戶在搜索引擎中查找相關產品或者服務的時候，通過專業的搜索引擎優化的頁面通常可以取得較高的排名。

4.1 搜索引擎分類

4.1.1 全文索引

全文搜索引擎是名副其實的搜索引擎，國外的代表有谷歌，國內代表則有百度搜索。它們從互聯網提取各個網站的信息，建立起數據庫，並能檢索與用戶查詢條件相匹配的記錄，按一定的排列順序返回結果。

4.1.2 目錄索引

目錄索引雖然有搜索功能，但嚴格意義上來說，其不能稱為真正的搜索引擎，因為其只是按目錄分類的網站連結列表而已。用戶完全可以按照分類目錄找到所需要的信息，而不依靠關鍵詞進行查詢。目錄索引中最具代表性的莫過於雅虎、新浪分類目錄搜索。

4.1.3 元搜索引擎

元搜索引擎接受用戶查詢請求後，同時在多個搜索引擎上進行搜索，並將結果返回給用戶。著名的元搜索引擎有 InfoSpace、Dogpile、Vivisimo 等，中文元搜索引擎中最具代表性的是搜星搜索引擎。

此外，還有一些其他的非主流搜索引擎。

4.2 搜索引擎推廣取得成功的要點

搜索引擎推廣取得成功的要點包括：選取人氣最旺的搜索引擎、選取最恰當的關鍵詞（Keywords）、確保排名靠前。

專項五　網絡營銷

當信息查找者在搜索引擎上使用關鍵詞查找信息時，查找結果是一個相關企業網站的列表，這個列表包括了全部已經登記註冊了的相關公司網站。一般來說，這個列表的網站數目都有幾百個、幾萬個。據調查，幾乎所有的查找者都只看排在前十位或前二十位的企業網站，而且這些排在前面的網站的訪問量占了總訪問量的 90% 以上。

可以說，當用與產品最相關的關鍵詞在搜索引擎上搜索時，企業的網站排名是否靠前，是搜索引擎推廣成功與否的直接標準。

搜索引擎在發展早期，多是作為技術提供商為其他網站提供搜索服務，然後網站付錢給搜索引擎。後來，隨著 2001 年網絡泡沫的破滅，搜索引擎大多轉向以競價排名的方式營運。

現在搜索引擎的主流商務模式，都是在搜索結果頁面放置廣告，通過用戶的點擊向廣告主收費。這種模式有兩個特點，一是點擊付費，用戶不點擊則廣告主不用付費；二是競價排序，即根據廣告主付費的多少來排列結果。

技能訓練

1. 請登錄海爾網上商城，分析其所採用的網絡廣告模式。
2. 申請加入一個郵件列表，記錄申請的流程，分析這種設計的利弊。
3. 上網查找一則讓你印象最深的網絡廣告，分析其成功之處。

專項六　網上銀行與電子支付

主題1　網上銀行的使用

主題引入

　　會計人員每天都要面對大量的現金以及各種票據業務，其往返於企業和銀行之間，工作效率受到影響，而採用網上銀行可以很好地解決這個問題。企業使用網上銀行，可以使自己的銀行業務處理更為輕鬆。下面，我們就來學習有關網上銀行的基本知識。

相關知識

1　網上銀行概述

1.1　網上銀行的含義

　　所謂網上銀行（又稱網絡銀行或在線銀行），是指金融機構以銀行自建的通信網絡或公共互聯網為平臺開闢的一種全新的銀行服務方式。通過網上銀行，用戶可以不受上網方式（PC、PDA、手機、電視機頂盒等）和時空的限制，無論是在家裡、辦公室，還是在路途中，只要能接入網絡，用戶就能安全便捷地管理自己的資產並享受銀行的服務。

　　網上銀行自從其誕生之日起，就具有「全球銀行」的特色。從理論上

專項六　網上銀行與電子支付

來說，網上銀行將提供全功能、個性化的服務模式，為客戶提供超越時空的「AAA」式服務，即在任何時候（Anytime）、任何地點（Anywhere），以任何方式（Anyhow）為客戶提供全年365天、每天24小時的金融服務。

1.2　網上銀行的產生與發展

1995年10月18日，全球首家以網上銀行冠名的金融組織——安全第一網絡銀行（Security First Network Bank, SFNB）打開了銀行「虛擬之門」，從此，一種新的銀行模式誕生了，它對300年來的傳統金融業產生了前所未有的衝擊。網絡銀行以專門銀行的形式開始運作，後來美國大型銀行如花旗銀行等紛紛加入，在傳統銀行業務基礎上涉足網絡銀行業務，加快了網絡銀行的普及。

網絡銀行在中國的發展非常迅速。自1996年6月中國銀行率先開設網站、面向全社會提供網絡銀行業務以來，招商銀行、中國建設銀行、中國農業銀行、交通銀行、中信實業銀行等紛紛推出網絡銀行業務。目前，中國已有二十多家銀行的幾百家分支機構擁有網址和主頁，其中近三分之一的分支機構開展實質性的網絡銀行業務，客戶數量和交易金額逐年大幅度增加。下面以國內開展網絡銀行業務比較早、業務比較有特點的四家銀行為例介紹中國網絡銀行業務現狀。

1.2.1　招商銀行

招商銀行的網上銀行即「一網通」提供的服務包括企業銀行、個人銀行、網上證券、網上商城、網上支付等類別（包括手機銀行業務）。其中，企業銀行提供帳務、金融信息查詢、內部轉帳、對外支付、發放工資、銀行信息通知等服務。個人銀行分為大眾版和專業版，大眾版提供帳務查詢、自動轉帳、財務分析、自主繳費等理財服務，專業版增加了匯款、轉帳、自動設置支付限額等功能。網上證券讓股民可以直接進行深滬股市證券買賣的操作。網上商城對招行全國各地的所有網上商戶進行分類和綜合管理。而網上支付為「一卡通」持卡人提供在網上商戶進行消費的支付結算工具，如憑虛擬網上支付卡在網上購物、支付上網費、進行彩票投注、訂購機票、網上訂房消費結算、打國際長途電話等。

1.2.2　中國銀行

中國銀行的網上銀行功能包括企業在線理財、支付網上行、銀證快車，以及美元清算查詢、紐約客戶服務等。其中，企業（集團）客戶可利用企業在線理財這一網上銀行服務產品，進行帳務查詢、內部轉帳、資金

電子商務專項技能實訓教程

劃撥、國際收支申報等業務活動，實現傳統財務管理向電子商務時代的跨越。其產品功能包括企業集團查詢、對公帳戶即時查詢、匯劃即時通、國際結算業務、國際收支申報等。支付網上行為持有中行借記卡和信用卡的個人客戶和網上商家提供結算業務。銀證快車通過網絡為券商提供和證券交易所、營業部之間的資金清算。

1.2.3 工商銀行

工商銀行的網上銀行包括個人網上銀行和企業網上銀行兩部分。個人網上銀行提供的服務包括帳務信息查詢、卡帳戶轉帳、銀證轉帳、外匯買賣、B2C 在線支付、客戶服務、帳戶管理和掛失等。企業網上銀行提供的服務包括集團理財（又包括帳戶管理和主動收款、網上結算）、B2C 網上購物的貨款即時支付、客戶資料管理。

1.2.4 建設銀行

建設銀行網上銀行服務包括企業客戶、商戶客戶和個人客戶三個服務模塊。對個人客戶，建設銀行已推出查詢、轉帳、代理繳費、銀行轉帳、網上外匯買賣、網銀客戶支付和龍卡支付、保證金自動轉帳、掛失等服務。對企業客戶，建設銀行已推出帳戶查詢等服務。對個人客戶，建設銀行已推出結算餘額查詢、結算明細查詢、支付流水查詢、網上退款等服務。

總的來看，中國的傳統商業銀行提供的網絡銀行業務已經有了較快的發展，特別是招商銀行，已經在國內同行業中處於領先地位。這些體現出當前中國各類商業銀行都對網絡銀行業務的發展給予了充分的重視，並投入了足夠的資金、技術、人力。

1.3 網上銀行的優勢

與傳統銀行業務相比，網上銀行業務的優勢正日益凸顯。

1.3.1 低成本和價格優勢

（1）組建成本低。一般而言，網絡銀行的創建費用大大低於傳統銀行開辦分支機構的費用。

（2）業務成本低。就銀行的一筆業務來看，手工交易成本約為 7 元，ATM 和電話交易成本約為 0.2 元，而網絡交易僅需 0.07 元，只占手工交易單位成本的 1%。

（3）價格優勢。由於網上銀行營運成本比較低，可將節省的成本與客戶共享，因而可以通過降低收費、部分服務免費等方法爭奪客戶和業務市場。

專項六　網上銀行與電子支付

1.3.2　互動性與持續性服務

網絡銀行系統與客戶之間能夠實現網絡在線即時溝通，客戶可以在任何時間、任何地方通過互聯網得到銀行的金融服務。銀行業務不受時空限制，可向客戶提供 24 小時不間斷服務。

1.3.3　私密性和標準化服務

網上銀行通過加密系統對客戶進行私人隱私保護。網上銀行提供的服務比營業網點更標準、更規範，避免了因工作人員的業務素質高低及情緒好壞所帶來的客戶滿意度的差異。

1.3.4　業務全球化

網上銀行是一個開放的系統，是全球化的銀行。網上銀行利用互聯網提供全球化的金融服務，可以快捷地進行不同語言文字之間的轉換，這為銀行開拓國際市場創造了條件。傳統銀行是通過設立分支機構開拓國際市場的，而網上銀行只需借助互聯網，便可以將其金融業務和市場延伸到全球的每個角落，把世界上每個人都當作自己的潛在客戶去爭取。網上銀行無疑是金融營運方式的革命，它使得銀行競爭突破國界變為全球性競爭。

2　網上銀行業務

當前中國網絡銀行提供的服務主要包括以下幾個方面：

2.1　信息服務

包括新聞資訊推送、銀行內部信息及業務介紹、銀行分支機構導航、外匯牌價查詢、存貸款利率查詢等。個別銀行（如工行）提供特別信息服務，如提供股票指數、基金淨值等信息。

2.2　個人銀行服務

包括帳戶查詢、存折和銀行卡掛失、代理繳費等。

2.3　企業銀行服務

包括帳戶查詢、企業內部資金轉帳、對帳、代理繳費等。

2.4　銀行轉帳服務

提供銀行存款與證券公司保證金之間的即時資金轉移的服務。

2.5　網上支付

包括 B2B 和 B2C 兩類，大部分網絡銀行只提供 B2C 服務。這種服務一般與網上商城相結合。一些銀行設定了一些網上商城的連結，但是，還沒有一家網上銀行直接從事網上一般商業活動。網上支付方式一般有三

種：銀行卡直接支付、專用支付卡支付和電子錢包支付。

3 網上銀行安全常識

當人們感受到網上銀行帶來的便利和快捷的同時，不斷出現的黑客和「網銀大盜」將網銀用戶「一切盡在網上」的美好願望擊得粉碎。近幾年來，頻頻出現的網銀錢財被盜事件，給網銀用戶心裡蒙上了一層陰影。然而，不能因為出現安全事件就否定網上銀行的重要性。其實，只要用戶瞭解基本的網銀安全常識，養成良好的使用習慣，是可以將網銀風險降至最低的。

3.1 各大銀行的網銀安全技術盤點

各銀行的技術實力不同，故它們各自的網銀建設也不盡相同。有的直接以控件形式安裝後，讓用戶用 IE 瀏覽器登錄後進行操作；也有讓用戶下載專用網銀客戶端進行操作的。但當用戶使用 Web 登錄時，各銀行採取的安全措施加密方式大致相同，具體可列為以下三點：

3.1.1 使用 Active X 安全軟件

中國工商銀行的網銀安全曾經因為「使用工行網銀系統資金被盜」一事備受網友質疑，不過當時銀行在問題解決後啟用了 Active X 安全控件。除工行外，招商銀行、中國農業銀行、交通銀行的個人版登錄同樣採用的是 Active X 安全控件，也就是說，大部分銀行向非證書認證用戶提供的安全手段都是安裝安全控件，而不同之處只是安裝的方式各有特色。

這種安全技術防止了鍵盤、消息鈎子，而且使通過 IE 的 COM 接口獲取密碼的方法也沒有了用武之地。控件安裝完成後，用戶才能見到網上銀行的登錄界面。不過這被公認為最不安全的登錄方式之一，而且一些網上銀行將安全技術通過 Active X 捆綁在了 IE 上，這給其他操作系統和非 IE 用戶帶來了一些不便。

3.1.2 使用數字證書和 USB Key

較 Active X 安全控件而言，相對安全的就是數字和 USB Key 認證的登錄方式。銀行以用戶的有效證件，如銀行卡號、身分證號碼等為依據，生成一個數字證書文件，配合用戶自定義的用戶名和密碼使用，提高了安全性。其因成本低、使用方便、被眾多銀行所使用。

USB Key 證書就是一種 USB 接口形式的硬件設備，內置微型智能卡處理器，採用 1,024 位非對稱密鑰算法對網上數據進行加密、解密和數字簽

專項六　網上銀行與電子支付

名，確保網上交易的保密性、真實性、完整性和不可否認性。其因成本問題和設置上的原因，只被個別銀行採用。交通銀行不支持單獨的數字證書安全方式，而採用數字證書與 USB Key 共同作用的安全認證方式。

3.1.3　使用動態軟鍵盤

採用動態軟鍵盤技術初看確實能使攻擊者無法截獲密碼，但是截取密碼不僅僅只有截獲鍵盤記錄一種方法，黑客們還可以通過 IE 的 COM 接口獲取密碼。對於中國建設銀行和中國銀行，通過 IE 的 COM 接口獲取的密碼框裡的內容就是密碼，其他採用軟鍵盤技術的網站大都是這樣。中國農業銀行曾經使用過這種安全方式，不過其現在已經使用 Active X 安全控件了。

3.2　養成良好的網上銀行使用習慣

雖然銀行為了保護網銀絞盡腦汁，但是仍有財產被盜事件出現。究其原因，不少用戶的網銀使用習慣有待改進。網銀的安全不僅僅是銀行的責任，網銀用戶自己身上也擔負著維護網銀安全的責任。

3.2.1　謹防釣魚網站

其實銀行安全漏洞導致的錢財失竊的事件只是少數，更多的人是因為上了釣魚網站的當才不幸丟失錢財的。當打開銀行首頁時，用戶可以將正確的網址收藏起來，盡量避免通過「超連結」進入銀行系統進行操作。

3.2.2　保護好帳號密碼

銀行卡的帳號和密碼應絕對私有，不要輕易告訴別人。還有，銀行不會通過第三方來轉告用戶一些事情，當接到陌生的電話或者短信、郵件的時候，要小心核對。

3.2.3　定期查詢詳細交易

做好交易日誌，保證對自己的每一項有記錄的交易印象深刻。

3.2.4　對殺毒軟件的使用

將計算機的防火牆設置為最高安全級別，及時升級殺毒軟件，避免「網銀大盜」侵入。

3.2.5　利用銀行提供的各種增值服務

現在很多銀行都提供了短信、郵件提醒服務，用戶可以充分利用銀行的貼心服務，掌握自己的財務消費狀態。

技能訓練

1. 請辦理一張工商銀行卡，登錄工商銀行網上個人銀行主頁，自助開通網上銀行業務。
2. 到櫃臺申領一張電子銀行口令卡，並練習使用。
3. 申請 USB Key 客戶證書，並練習使用。

思考與練習

1. 什麼是網上銀行？網上銀行能夠提供哪些服務？
2. 作為網銀用戶，如何養成良好的網銀使用習慣？

主題 2　電子支付

主題引入

2010 年 2 月 5 日，中國電信在上海南京路步行街發布了手機刷卡業務，辦理了該業務的上海電信用戶只需「刷手機」即可在南京路上 50 多家指定商戶內進行消費。

2 月 9 日，中國電信股份有限公司上海分公司和上海市商業投資（集團）有限公司共同宣布，雙方將在世博園區合作推出手機刷卡消費服務，實現手機移動支付。雙方計劃共同發行「電信‧商投商業聯名卡」，通過天翼手機提供世博商業卡的非接觸移動支付功能。客戶持天翼手機在世博園區內外的超市、便利店、商場等「世博商業卡」特約商戶的收銀 POS 機上輕輕一刷，就能安全快速地進行付款。

在 2010 年的世博會的帶動下，國內電子支付競爭愈演愈烈。

在移動通信領域，中國聯通 2009 年 4 月在上海推出手機公交卡業務，用戶手機內置 NFC 芯片，即可在上海「刷手機」乘坐公共交通工具；中國移動 2010 年 1 月在上海推出手機地鐵票和手機世博票業務，此外，還給

專項六　網上銀行與電子支付

「手機錢包」用戶配 RFID-SIM 卡，讓用戶可在商場 POS 機上「刷手機」購物；中國電信推出手機刷卡消費服務，用戶手機內置 NFC 芯片，可在上海 50 多家指定商戶內購物。隨著 3G 應用在中國的普及，移動領域支付市場正迎來巨大的商機。

在銀行領域，工商銀行、建設銀行、中國銀行、農業銀行、招商銀行、興業銀行、浦發銀行、光大銀行、交通銀行等均推出了手機銀行業務。

在商業領域，支付寶（中國）網絡技術有限公司推出了手機客戶端軟件，支持交費、消費、轉帳等功能。

相關知識

電子商務迅猛發展，技術日新月異。資金流的運作方式及效率已成為電子商務領域引人注目的一個重要話題。支付方式按使用技術的不同，可以大體上分為傳統支付方式和電子支付方式兩種。傳統支付方式指的是通過現金流轉、票據轉讓以及銀行轉帳等物理實體的流轉來實現款項支付的方式，結算效率低下，顯然已經不能滿足電子商務發展的需要。電子支付作為一種全新的支付方式，採用先進的通信技術和安全技術並通過數字流轉來完成信息傳輸，可以提高結算效率，助推電子商務的發展。

1　傳統支付方式

1.1　物物交換的支付方式

最原始的支付形式是以物易物。在貨幣產生以前的社會中，物物交換是一種結清債權、債務的行為。例如原始社會中以馬換食物的物物交換。但物物交換的支付方式受到很大的限制，也不容易做到等值交換，故交易的範圍和規模都很小。

1.2　貨幣支付方式

當貨幣作為交換的媒介物出現後，這種用貨幣來交換物品的行為才能算作具有現代意義的貨幣結算行為。按時間順序，貨幣依次採用過實物貨幣、貴金屬、紙幣等不同的形式，其中經常被使用的、人們最熟悉的支付方式就是現金支付。

現金有紙幣和硬幣兩種形式，它是由國家組織或政府發行的。紙幣本

身沒有價值，它只是一種由國家發行並強制流通的貨幣符號，但卻可以代替貨幣進行流通，其價值是由國家加以保證的；硬幣本身含有一定的金屬成分，故而具有一定的價值。在現金交易中，買賣雙方處於同一位置。現金的最大特點是簡單、便捷，整個交易過程可以匿名進行，賣方不需要瞭解買方的身分，因為現金的有效性和價值是由中央銀行保證的。所以，多數小額交易是由現金完成的，其交易流程一般是一手交錢一手交貨。顯然，現金是一種開放的支付方式，任何人只要持有現金，就可以進行款項支付，而無須經中央銀行收回重新分配。但這種支付方式也存在許多缺點：一是受時間和空間限制，對於不在同一時間、同一地點進行的交易，無法採用這種方式交易；二是受不同發行主體的限制，不同國家的現金的單位和代表的購買力不同，這給跨國交易帶來不便；三是不利於大宗交易，因大宗交易涉及金額巨大，倘若使用現金作為支付手段，不僅不方便，而且不安全。

不管怎麼說，現金支付這種方式比較簡單，常用於企業或個體對個體消費者的商品零售過程，在中國應用得比較普遍。物物交換與貨幣交換的支付方式存在一個共同的特點，就是交易與支付環節在時間、空間上不可分離，故這兩種支付方式雖然直接，但限制了商務活動的規模與區域，不利於交易的繁榮發展。在商品經濟快速發展的需求背景下，出現了以銀行為仲介的支付結算方式。

1.3　銀行轉帳支付方式

隨著近代商品經濟的繁榮發展，特別是西方產業革命以來，工業經濟發展迅速，各類結算方式先後產生，原本融為一體的交易環節與支付環節得以在時間和空間上分離，作為支付結算仲介的銀行也因此誕生。這種以銀行信用為基礎，借助銀行作為支付結算仲介的貨幣給付行為（即分離出來的支付環節），成為銀行轉帳支付結算方式。此時的貨幣不僅包括現金，還包括存款等，而採用的支付手段也更加豐富，包括現金支付、支票支付、本票支付、匯兌支付、委託支付、信用卡支付、信用證支付等。

這種通過銀行的轉帳結算方式也稱為非現金結算方式或票據結算方式。如果貿易雙方都在銀行開設了資金帳號，那麼支付者就沒有必要把錢從銀行取出來支付給接收者，然後接收者再把錢存到銀行。開設了資金帳號的雙方只需通過一定的手續，就可以讓銀行直接把需要支付的數額從支付者的帳號轉到接收者的帳號上。如此，取消了中間無效的勞動和費用，

專項六 網上銀行與電子支付

提高了資金流通的效率並節約了成本。通過銀行的資金轉帳支付結算是目前國際上最主要的資金支付結算方式，其類型主要為以下三類：

1.3.1 信用卡支付結算

信用卡是指具有一定規模的銀行或金融公司發行的，可憑此向特定商家購買貨幣或享受服務，或向特定銀行支取一定的款項的信用憑證。用戶到銀行開設資金帳戶，在帳戶裡存錢並且提供一定的信用證明後，便可以收到銀行發行的信用卡。當用戶利用信用卡通過銀行專線網絡進行商務支付時，資金便通過銀行仲介從信用卡對應的帳號中劃撥到對方的銀行資金帳號上，完成付款。這種方式應用比較普及，常見於個人的商務資金結算中。

使用信用卡作為支付方式高效便捷，可以減少現金貨幣流通量，簡化收款手續，並且可以用於存取現金，十分靈活方便。但是，信用卡也存在一些缺點：一是交易費用較高；二是信用卡具有一定的有效期，過期失效；三是有可能遺失而給持卡人帶來風險和麻煩。

1.3.2 資金匯兌

資金匯兌通常發生在企業間，銀行作為仲介參與其中。匯兌是指企業（或匯款客戶）委託銀行將其款項支付給收款人的結算方式，也稱為銀行匯款。這種方式便於匯款客戶向異地的收款人主動付款，適用範圍十分廣泛。

1.3.3 支票支付

支票支付結算主要是指紙質支票的支付結算，是目前中國企業與企業之間最常用的支付結算方式，其本質上就是銀行提供的一種基於特殊格式與使用規則的支付結算工具。支票使用起來很方便，可以處理較大金額的支付，但其最大的缺點是涉及面廣，增加了各銀行和交易部門的開支。而且紙質支票存在一定的風險，如拿到空頭支票便不能兌現。

1.4 傳統支付方式的局限性

隨著電子商務的不斷發展，上述傳統的支付方式在處理效率、方便易用、安全可靠、動作成本等方面存在諸多局限。

1.4.1 支付速度慢、處理效率低

大多數傳統支付與結算方式涉及人員、部門等眾多因素，牽扯多個環節，支付效率低下。傳統支付方式涉及的現金、票據、信用卡等都是有形的，保障了交易的安全性、認證性、完整性和不可否認性。而且，這些支

付方式已經有一套比較成熟的管理運行模式。但是由於傳統支付方式以手工操作為主，且通過傳統的通信方式來傳遞憑證，實現貨幣的支付結算，因而其存在效率低下的問題。

1.4.2 安全問題多

大多數傳統支付與結算方式在支付問題上存在較多安全問題。偽幣、空頭支票等現象造成支付結算的不確定性，增加了商務風險。特別是在跨區域、遠距離的支付結算中，商業風險更大。

1.4.3 傳統支付方式受時空限制

傳統支付方式很難滿足眾多用戶在時間、空間上的需求，很難做到全天候、跨地域地提供支付結算服務。隨著電子商務的普及，人們對隨時隨地支付結算、獲取個性化信息服務的需求日益強烈，比如人們要求隨時查閱支付結算信息、資金餘額信息等。

1.4.4 絕大多數傳統的支付方式使用起來並不方便

支付介質五花八門，發行者眾多，使用的輔助工具、處理流程與應用規則和規範也不同，這些都給用戶的使用帶來了不便。

2 電子支付方式

2.1 電子支付的含義

電子支付（Electronic Payment）也稱電子支付與結算。中國人民銀行《電子支付指引（第一號）》是這樣定義電子支付的：電子支付是指單位、個人（以下簡稱客戶）直接授權他人通過電子終端發出支付指令，實現貨幣支付與資金轉移的行為。

2.2 電子支付的特徵

與傳統的支付方式相比，電子支付方式具有如下特徵：

（1）電子支付方式採用現代技術，通過數字流轉來完成支付信息傳輸；而傳統的方式則是通過現金的流轉、票據的轉讓，以及銀行轉帳等實體形式的變化實現的。

（2）電子支付是在開放的系統平臺（互聯網）上進行的，而傳統的支付則在較為封閉的環境中（銀行專網）進行。

（3）電子支付方式採用最先進的通信手段，因此對軟、硬件要求很高；傳統支付方式對技術的要求不如電子支付方式高，且其多依靠局域網絡進行支付，無須聯入互聯網。

專項六　網上銀行與電子支付

（4）電子支付方式具有方便、快捷、高效、經濟的優勢。電子支付方式可以完全突破時間和空間的限制，採取每週 7 天、每天 24 小時的工作模式，其效率之高是傳統支付方式望塵莫及的。同時，電子支付費用僅相當於傳統支付費用的幾十分之一，甚至幾百分之一。

2.3　電子支付方式的分類

電子支付方式按流通形態的不同，可以分為開放式和封閉式兩種。開放式支付方式指的是支付方式所代表的價值信息可以在主體之間無限傳遞下去。而封閉式支付方式指的是價值信息只能在有限的主體之間進行傳遞。

電子支付按電子支付指令發起方式的不同，可以分為網上支付、電話支付、移動支付、銷售點終端支付、自動櫃員機支付和其他電子支付。

2.3.1　網上支付

網上支付是電子支付的一種形式。廣義上來講，網上支付指的是客戶、商家、網絡銀行（或第三方支付）之間使用安全電子手段，利用電子現金、銀行卡、電子支票等支付工具，通過互聯網傳送到銀行或相應的處理機構，從而完成支付的整個過程。

2.3.2　電話支付

電話支付是電子支付的一種線下實現形式，是指消費者使用電話（固定電話、手機、小靈通）或其他類似電話的終端設備，通過銀行系統用個人帳戶直接付款的方式。

2.3.3　移動支付

移動支付是使用移動設備，通過無線技術完成支付行為的一種新型的支付方式。移動支付所使用的移動設備可以是手機、掌上電腦、移動 PC 等。

2.3.4　銷售點終端支付

POS 是英文 Point of Sale 的縮寫，意為銷售點終端。金額 POS 系統是計算機與商業網點、收費網點、金融網點之間通過網絡進行聯機業務處理的銀行計算機網絡系統。顧客在消費時，只需將銀行卡在 POS 終端上輕輕地刷一下，即可完成交易。POS 支付方式廣泛應用於大型商場、酒店等消費場所。

2.3.5　自動櫃員機支付

ATM 是英文 Automatic Teller Machine 的縮寫，意思是自動櫃員機。自

動櫃員機是持卡人自我服務型的金融專用設備，可以向持卡人提供提款、存款、查詢餘額、更改密碼等功能。ATM 機不僅能接受本地卡，還可以通過網絡功能接受異地卡、他行卡，同時為持卡人提供 24 小時服務。

2.3.6 其他電子支付

其他電子支付是除上述五種支付方式外的其他電子支付方式。

2.4 電子支付的發展階段

第一階段是銀行採用安全的專用網絡進行電子資金轉帳，即利用通信網絡進行帳戶交易信息的電子傳輸，辦理結算。電子資金轉帳的好處包括減少了管理費用、提高了效率、簡化了手續、提高了安全性。

第二階段是金融機構與非金融機構計算機之間進行資金的結算，如代發工資，代交水費、電費、煤氣費、電話費等。

第三階段是利用網絡終端向用戶提供各項銀行服務，如用戶在自動櫃員機（ATM）上進行取、存款操作。

第四階段是利用銀行銷售終端（POS）向用戶提供自動扣款服務。

第五階段是最新發展階段，電子支付可隨時隨地通過網絡進行直接轉帳結算，這一階段的電子支付稱為網絡支付。

3 電子支付工具

隨著計算機網絡及信息技術的發展，電子支付工具越來越多。這些支付工具可以分為三大類：賒帳卡、商務卡、聯名卡。這些支付方式各有自己的特點和運作模式，適用於不同的交易過程。此處主要介紹信用卡、電子現金、電子錢包和電子支票。

3.1 信用卡

3.1.1 信用卡的含義

2004 年 12 月 29 日第十屆全國人大常委會第十三次會議通過的有關法律解釋，明確了中國刑法規定中「信用卡」的含義，即「信用卡」是指由商業銀行或其他金融機構發行的具有消費支付、信用貸款、轉帳結算、存取現金等全部功能或者部分功能的電子支付卡。由此看來，信用卡是銀行或其他金融機構簽發給那些資信狀況良好的人士的一種特製卡片，是一種特殊的信用憑證。持卡人可憑卡在發卡機構指定的商戶購物或消費，也可在指定的銀行機構存取現金。隨著信用卡業務的發展，信用卡的種類不斷增多。

專項六　網上銀行與電子支付

從廣義上來說，凡是能夠為持卡人提供信用證明，持卡人可憑其購物、消費或享受特定服務的特製卡片均可稱為信用卡。廣義上的信用卡包括貸記卡、準貸記卡、借記卡、儲蓄卡、提款卡（ATM）卡、支票卡、賒帳卡等。

從狹義上來說，國外的信用卡主要是指由銀行或其他財務機構發行的貸記卡，即無須預先存款就可貸款消費的信用卡，憑此卡可先消費後還款；國內的信用卡主要是指貸記卡或準貸記卡（先存款後消費，允許小額、善意透支的信用卡）。

本書介紹的信用卡，主要是指廣義上的信用卡。鑒於此，在以下的內容中，為了避免不必要的混淆，我們在談及狹義上的信用卡時，用貸記卡一詞代替，以示區分。

3.1.2　信用卡的功能

信用卡的核心特徵是個人信用和循環信貸，它的基本功能是支付功能和信用功能，其他的各種功能都是在這兩個功能的基礎上發展起來的。

（1）直接支付結算。直接支付結算功能是信用卡最基本的功能。信用卡可以提供廣泛的結算服務，方便持卡人的購物消費活動，減少社會現金貨幣使用量，加快貨幣流轉，節約社會勞動。持卡人在標有發卡銀行的特約商家的各種場所（包括商店、賓館、酒樓、娛樂場所、機場、醫院等場所）裡進行消費時，只需出示身分證件即可用卡代替現金消費結帳，或利用POS系統通過專線及時支付。隨著互聯網業務的普及，信用卡可借助網絡平臺實現在線支付而無需POS機等輔助設備。

（2）匯兌轉帳。憑信用卡可在發卡銀行指定的同城或異城儲蓄所、在線家庭銀行、ATM機等處辦理存、取款業務。用信用卡辦理存、取款手續比使用存折方便。它不受存款地點和存款儲蓄所的限制，可在所有開辦信用卡業務的城市進行存取。信用卡帳戶內的保證金、備用金及其他各種存款視同儲蓄存款，按規定利率計息。

（3）規模購買。發卡機構作為所有會員集體——全體持卡人的代表，要通過整合起來的市場力量，以期取得更有力的討價還價能力，從賣方獲取更多的談判收益，讓持卡人分享。例如運通公司和花旗銀行等機構已經普遍為持卡人提供持卡消費折扣、保證購物為最低價格等附加服務。

（4）個人信用。持卡人通過使用信用卡，可以在金融機構進行個人的信用度的累積，長期優良的信用累積會給持卡人帶來很多高價值的回報。

113

個人信用會牽扯到持卡人日常經濟生活的方方面面。

（5）信用銷售。信用銷售實質上是一種信用購銷憑證，它的運作模式體現了背後商業信用或銀行信用的支持。實際上，今天的信用卡的信用購銷功能已經從一開始的商業信用行為轉化為銀行信用行為。信用卡的信用購銷功能改變了傳統的消費支付模式，擴大了社會的信用規模，使一手交錢一手交貨的直接交易方式變成了迂迴交易方式，改變了社會貨幣實際購買力決定社會的購買行為的情況。超前的購買能力和擴大的信用規模勢必會擴大社會的總需求，故為確保宏觀經濟的綜合平衡，必須加大社會供給，以便與擴大的社會總需求量相適應，從而促進社會經濟的發展。

（6）循環授信。信用卡實質上是消費信貸的一種，它提供一個有明確信用額度的循環信貸帳戶，借款人可使用部分或全部額度，一旦已經使用的餘額得到償還，該信用額度又可以恢復使用。尤其是貸記卡的持卡人，只要每月支付一定金額的最低還款額度，在此額度之外的帳款及貸款利息可以延至下個還款期償還。如果借款人的帳戶一直處於循環信貸狀況，那麼週轉中的貸款餘額幾乎可以看成是無期貸款。通過循環信貸，持卡人可以在金融機構累積自己的信用度。

3.1.3 信用卡種類

信用卡通過在世界範圍內的普及與發展，已經成為一個「人丁興旺」、成員眾多的「大家族」。雖然信用卡品種繁多，但我們仍然可以以銀行卡的根本特徵和基本功能作為衡量標準來加以區分，並按照不同的劃分標準對其進行分類。即使信用卡的品種千差萬別，我們也可將其劃分為以下幾類：

（1）按照信用卡發行機構劃分，信用卡可以分為銀行卡和非銀行卡。

◆ 銀行卡。銀行卡是由銀行等機構發行的，方便客戶取得融資途徑，並且具有購物消費、轉帳結算等功能的各種支付卡。

◆ 非銀行卡。非銀行卡主要包括商業機構發行的零售信用卡和旅遊服務行業發行的旅遊娛樂卡兩種。

零售信用卡是由零售百貨公司、石油公司等商業企業發行的信用卡，持卡人可以憑此卡在指定的商店內購物，或在汽油站加油等。這種信用卡流通範圍受到很大限制，發展範圍較小。

旅遊娛樂卡是由航空公司、旅遊公司等發行的信用卡，用於支付各種交通工具的費用以及就餐、住宿、娛樂等的費用，其發行對象多為商旅人

專項六　網上銀行與電子支付

士。目前的美國運通卡和大萊卡即屬於此類信用卡。

（2）根據清償方式的不同，信用卡可以劃分為貸記卡、準貸記卡和借記卡。

◆ 貸記卡。貸記卡即狹義上的信用卡，是一種向持卡人提供消費信貸的付款卡。持卡人不必在發卡行存款，就可以「先購買，後結算交錢」。根據客戶的資信以及其他情況，發卡行給每個信用卡帳戶設定一個「授信限額」，比如1,000美元。這意味著，持卡人可以使用信用卡付帳，只要累計不超過1,000美元即可。一般發卡行每月向持卡人寄送一次帳單，持卡人在收到帳單後的一定期限內付清帳款，則不需付利息；若只付一部分帳款，或只付最低還款額，則以後加付利息。由於信用卡不需要存款，所以信用卡持卡人不必在發卡行開設銀行帳戶。此種信用卡是目前流通最為廣泛的支付卡種，其核心特徵是信用銷售和循環信貸。

◆ 準貸記卡。準貸記卡是中國為了適應自己的政治經濟體制、社會發展水平、人民的消費習慣等，在發展具有中國特色的信用卡產業過程中，創造出的一種絕無僅有的信用卡品種。此種信用卡兼具貸記卡和借記卡的部分功能。用戶一般需要交納保證金或提供擔保人，使用時先存款後消費，存款計付利息。在進行購物消費時，用戶可以在發卡銀行核定的額度內進行小額透支，但透支金額自透支之日起計息，欠款也必須一次性還清，沒有免息還款期和最低還款額。準貸記卡的基本特點是可以進行轉帳結算和購物消費。

◆ 借記卡。對應貸記卡的「後付款」，借記卡必須「先付款」。為獲得借記卡，持卡人必須在發卡機構開設帳戶，並保持一定量的存款。持卡人用借記卡刷卡付帳時，所付款項直接從其發卡銀行的帳戶上轉到售貨或提供服務的商家的銀行帳戶上。因此，借記卡的卡內資金實際上來源於持卡人的支票帳戶或往來帳戶（即活期存款帳戶）。借記卡的支付款額不能超過存款的數額。其實，對於持卡人來說，用借記卡付款的過程和從銀行直接提款，然後用現金付帳的過程，沒有本質上的差別，只不過用卡要方便多了。可以說，借記卡只是消費者支付現金或支票的另一種更方便的形式，因此，借記卡也被稱為支票卡。

（3）根據信用卡的從屬關係，信用卡可以分為主卡和附屬卡。

◆ 主卡。主卡是發卡機構對於年滿一定年齡，具有完全民事行為能力，具有穩定的工作和收入的個人發行的信用卡。

◆附屬卡。附屬卡是指主卡持有人為自己具有完全民事行為能力的父母、配偶、子女或親友申請的、由發卡機構發放的信用卡。主卡和附屬卡共享帳戶及信用額度。主卡持有人可以自主限定附屬卡的信用額度，主卡持有人對主卡和附屬卡發生的全部債務承擔清償責任。

在國外，主卡持有人除可以為自己的親友申請附屬卡外，也可以為自己的商業合作夥伴申請附屬卡，但主卡持有人和附屬卡持有人需要對彼此信用卡項下的債務承擔清償責任。也就是說，附屬卡持有人對主卡持有人的債務也負有清償責任。

（4）按照信用卡發卡對象的不同，信用卡可以分為公司卡和個人卡。

◆公司卡。公司卡也稱商務卡，是發卡機構發行的以商務服務為核心的信用卡，專門針對公司所需，推出差別化員工授信額度、綜合對帳單、商旅優惠計劃等專業特色服務，以備公司員工進行公務商旅消費、業務招待等。公司使用商務卡，可以享有消費免息還款期，有助於降低公司流動資金壓力；此外，還有專門的在線財務管理報表數據平臺，可即時提供各種財務報表，全面反應公司商務費用流向，讓公司財務管理和流程控制更加清晰、有效。

發卡機構會根據公司的資信情況，授予公司商務卡綜合授信額度。在此授信額度範圍內，公司可根據員工的不同級別或實際需要，給予不同的信用額度，並可隨時調整額度或限制使用，讓公司的財務分配更靈活。公司每月獲得一份綜合對帳單，囊括所有商務差旅、業務招待、營運等的開支總額，清晰顯示持卡員工每月的交易情況，全面簡化帳單核算程序，節省行政成本，大大提高財務效率。同時，公司持卡員工每月均可收到一份個人對帳單，詳細羅列各項商務開支，方便持卡人逐項核查。例如，萬事達商務卡強大的 SDOL（Smart Data Online）在線財務管理報表數據平臺，提供了靈活多變的信用額度，使公司任意掌控商務支出而不受時空限制，輕鬆實現了跨國、跨地區的統一管理。

◆個人卡。個人卡是發卡機構向具有完全民事行為能力、具有穩定的工作和收入的個人發放的信用卡，其有別於公司卡。

3.1.4 信用卡支付的優點

信用卡具有支付結算、消費信貸、自動取款、信息記錄、身分識別等功能，是集金融業務與計算機技術於一體的高科技產物。其作為當今發展最快的金融業務之一，將會在一定範圍內替代傳統現金的流通。

專項六　網上銀行與電子支付

在世界各國，信用卡已經成為最普遍的電子支付工具。在基於互聯網的電子商務迅速發展的今天，信用卡應用型電子貨幣作為不受地域限制的支付工具，受到人們的普遍關注。

具體來講，利用信用卡進行網絡支付還具有以下獨特的優點：

（1）在銀行電子化與信息化建設的基礎上，銀行與特約的網上商店無須投入太多即能運行，且持卡人只需登記一下就可以使用，非常簡便。

（2）無論何時何地，用戶只要連接上網即可使用信用卡支付，這極大方便了客戶與商家，避免了傳統 POS 支付結算中布點不足帶來的不便。

（3）幾乎所有的 B2C 類電子商務網站均支持信用卡的網絡支付結算，因此客戶對此非常熟悉。

（4）相較於其他更新的網絡支付方式如電子現金支付、電子支票支付等，信用卡網絡支付在法律制度方面的問題較少。

3.2　電子現金

3.2.1　電子現金的含義

電子現金（Electronic Cash）又稱數字現金，是一種以電子數據形式流通的、能被客戶和商家普遍接受的、通過互聯網購買商品和服務時使用的貨幣。電子現金是一種隱形貨幣，表現為由現金數值轉換成為一系列的電子加密序列數，通過這些序列數來表示現實中各種金額的幣值。電子現金其實是一種用電子形式模擬現金的技術。電子現金系統企圖在多方面為在線交易複製現金的特性：方便、費用低、不記名等。

3.2.2　電子現金的特性

（1）安全性。電子現金的安全不能只靠物理上的安全來保證，必須通過電子現金自身使用的各項密碼技術來保證。

（2）匿名性。銀行和商家相互勾結也不能跟蹤電子現金的使用，即無法將電子現金與用戶的購買行為聯繫到一起。此特性使隱蔽電子現金用戶的購買歷史成為可能。

（3）流通性。用戶能讓電子現金在用戶之間任意轉讓，且不被跟蹤；也可以和其他的支付工具如紙幣、銀行存款和銀行本票相互交易，還能經由不同的存、提款設備進行存、提款和轉帳。

（4）可分性。電子現金可以被分為更小的面額多次使用，只要各部分的面額之和與原電子現金面額相等即可。

（5）不可偽造性。用戶不能造假幣，這包括兩種情況，一是用戶不能

憑空製造有效的電子現金，二是用戶從銀行提取有效的電子現金後，也不能根據提取和支付的電子現金的信息製造出有效的電子現金。

3.2.3 電子現金的網絡支付流程

使用電子現金進行網絡支付，需要在客戶端安裝專門的電子現金客戶端軟件，在商家服務端安裝電子現金服務器端軟件，在發行銀行運行對應的電子現金管理軟件等。為了保證電子現金的安全及可兌換性，發行銀行還應該從第三方 CA 申請數字證書以證實自己的身分，借此獲取自己的公開密鑰和私人密鑰對，且把公開密鑰公開出去，利用私人密鑰對電子現金進行簽名。

電子現金的網絡支付業務涉及商家、客戶與發行銀行三個主體，涉及初始化協議、提款協議、支付協議及存款協議四個安全協議。

初始化協議（Initialization Protocol）有關用戶在電子現金銀行購買電子現金的行為。

提款協議（Withdrawal Protocol）有關用戶從自己的銀行帳戶上提取電子現金的行為。為了保證用戶在匿名的前提下獲得帶有銀行簽名的合法電子現金，用戶將與銀行交互執行盲簽名協議，同時銀行必須確信電子現金上包含必要的用戶身分。

支付協議（Payment Protocal）有關用戶使用電子現金從商店中購買貨物的行為。

存款協議（Deposit Protocal）有關用戶及商家將電子現金存入自己銀行帳戶的行為。在此過程中，銀行將檢查存入的電子現金是否被合法使用，如果發現有非法使用的情況發生，銀行將使用重用檢測協議跟蹤非法用戶的身分，對其進行懲罰。

在遵從上述安全協議的基礎上，電子現金的網絡支付業務處理流程一般概括為如下幾個步驟：

（1）預備工作。電子現金使用客戶、電子現金接收商家與電子現金發行銀行應分別安裝電子現金應用軟件。為了實現安全交易與支付，商家與發行銀行應從 CA 中心處申請數字證書。客戶端在線認證發行銀行的真實身分後，在電子現金發行銀行開設電子現金帳號，存入一定量的資金，利用客戶端與銀行端的電子現金應用軟件，遵照嚴格的購買兌換步驟，兌換一定數量的電子現金（初始化協議）。客戶使用客戶端電子現金應用軟件在線接收從發行銀行兌換的電子現金，存放在客戶機硬盤（或電子錢包、

專項六　網上銀行與電子支付

IC 卡）裡，以備隨時使用（提款協議）。接收電子現金的商家與發行銀行間應在電子現金的使用、審核、兌換等方面簽有協議與授權書，商家也可以在發行銀行開設接收與兌換電子現金的帳號，也可另有收單銀行。

（2）客戶驗證網上商家的真實身分（安全交易需要），並確認對方能夠接收本方電子現金後，挑好商品，選擇己方持有的電子現金來支付。

（3）客戶借助互聯網平臺，把訂貨單與電子現金一併發送給商家服務器（可利用商家的公開密鑰對電子現金進行加密傳送，商家收到後利用私人密鑰解開）。對客戶來說，到這一步，支付就算完成得差不多了，中途無需銀行的中轉。

（4）商家收到電子現金後，可以隨時一次性或批量地到發行銀行兌換電子現金，即把接收的電子現金發送給電子現金發行銀行，與發行銀行協商進行相關的電子現金審核與資金清算，電子現金發行銀行認證後把同額資金轉至商家開戶行帳戶。

應該注意的是，可能有兩種支付結算方式來處理這個過程，即雙方支付方式和三方支付方式。雙方支付方式只涉及客戶與商家，在交易中由商家用銀行的公共密鑰檢驗收到的電子現金的數字簽名，鑑別其真偽，通過後，商家就把電子現金存起來或直接送去發行銀行進行兌換。三方支付方式的交易過程要涉及銀行的審核認證，即客戶把電子現金發送給商家，商家把它直接發給電子現金發行銀行審核其真偽，確認它沒有被重複使用，無問題後兌換同額資金轉入商家資金帳戶。多數情況下，雙方支付方式是不可行的，因為可能存在電子現金重複使用的問題。而三方支付方式中，為了檢驗電子現金是否重複使用，發行銀行將從商家處獲得的電子現金與已經使用的電子現金記錄庫進行比較，予以鑑別，因此這種方式比較安全。

同紙幣一樣，電子現金通過一個序列號進行標示。為了檢驗是否存在重複使用情況，電子現金將以某種全球統一標誌的形式註冊。但是，這種檢驗方式十分費時費力，尤其是對於小額支付來說。

（5）商家確認客戶的電子現金的真實性與有效性後，確認客戶的訂單與支付情況，然後發貨。

3.2.4　電子現金的解決方案

由於電子現金既具有紙質現金的屬性，又能在網絡上方便地傳送，還能滿足人們的使用習慣，所以隨著網上商務的深入發展，電子現金將是一

個極有潛力的發展項目。電子現金的進一步成熟與豐富將開闢更加廣闊的網上市場。

3.3 電子錢包

3.3.1 電子錢包的含義

隨著網上購物次數的增加，人們開始厭倦每次在填寫訂貨單時都要重複輸入送貨地址、信用卡信息、個人身分等信息，而很多時候這些購物信息均不會改變。電子錢包可以在需要時把這些每次重複輸入的個人商務信息自動地填寫在訂單上，安全發送給商家網站，加快購物進程，提高購物效率。這正如用錢包集中裝好現金、信用卡、名片等個人物品的功能。人們使用時只需打開錢包，想用什麼就拿什麼，十分方便，也比較安全。

所謂電子錢包，是一個客戶用來進行安全網絡支付並儲存交易記錄的特殊計算機軟件或硬件設備。其如同生活中隨身攜帶的錢包一樣，應用起來很方便，效率也高——特別是在涉及個體的、小額網上消費的電子商務活動中。

電子錢包本質上是個裝載電子貨幣的「電子容器」，其能夠把有關方便網上購物的信息，如信用卡信息、電子現金、身分證號碼、地址及其他信息集成在一個數據結構裡，以便整體調用，需要時又能方便地輔助客戶取出其中的電子貨幣進行網絡支付，是小額購物或購買小商品時常用的新式虛擬錢包。因此，在電子商務中應用電子錢包時，真正支付的不是電子錢包本身，而是它裝的電子貨幣。就像生活中錢包本身並不能用來付款，但我們可以方便地打開錢包，取出錢包裡的紙質現金、信用卡等來付款。

3.3.2 電子錢包的功能

電子錢包具有如下功能：

（1）安全電子證書的管理。包括安全電子證書的申請、存儲、刪除等。

（2）安全電子交易。進行 SET 交易時，辨認用戶的身分並發送交易信息。

（3）交易記錄的保存。保存每一筆交易記錄以備日後查詢。

3.3.3 電子錢包的支付流程

（1）客戶使用瀏覽器在商家的 Web 主頁上查看在線商品目錄，選擇要購買的商品。

（2）客戶填寫訂單，包括項目列表、價格、總價、運費、搬運費、稅

專項六　網上銀行與電子支付

費等。

（3）訂單可通過電子化方式從商家傳過來，或由客戶的電子購物軟件建立。有些在線商場可以讓客戶與商家協商物品的價格（例如客戶出示自己是老客戶的證明，或給出競爭對手的價格信息）。

（4）顧客確認後，選定電子錢包付錢。將電子錢包裝入系統，單擊電子錢包的相應項或電子錢包圖標，打開電子錢包，然後輸入自己的保密口令，在確認是自己的電子錢包後，從中取出一張電子信用卡來付款。

（5）電子商務服務器對此信用卡號碼採用某種保密算法算好並加密後，發送到相應的銀行，同時銷售商店也收到了經過加密的購貨帳單。銷售商店將自己的顧客編碼加入電子購貨帳單後，再轉送到電子商務服務器上。商店是看不見顧客電子信用卡上的號碼的，同時，銷售商店無權也無法處理信用卡中的錢款。因此，只能把信用卡送到電子商務服務器上去處理。電子商務服務器確認這是一位合法顧客後，將信用卡同時送到信用卡公司和商業銀行。信用卡公司和商業銀行之間要進行應收款項和帳務往來的電子數據交換和結算處理。接著，信用卡公司將處理請求送到商業銀行，商業銀行確認並授權後送回信用卡公司。

（6）如果商業銀行確認後拒絕並且不予授權，則說明顧客的這張電子信用卡上的錢數不夠用，或是沒有錢，或是已經透支。商業銀行拒絕後，顧客可以再單擊電子錢包的相應項打開電子錢包，取出另一張電子信用卡，重複上述操作。

（7）如果商業銀行證明這張信用卡有效並授權後，銷售商店就可交貨。與此同時，銷售商店留下整個交易過程中發生往來的財務數據，並且出示一份電子收據發送給顧客。

（8）上述交易成交後，銷售商店就按照顧客提供的電子訂貨單將貨品交到顧客或其指定的人手中。

3.3.4　電子錢包的解決方案

電子錢包最早是由英國的西敏寺銀行開發的，這個世界上最早的電子錢包叫作「Mondex」，其於 1995 年 7 月首先在斯溫敦試用。現在世界上有三種主流開放式電子錢包標準（Mondex、Proton、Visa Cash）在相互競爭。

（1）Mondex。Mondex 是一種靈活的電子現金，它可以方便地實現資金在一張 Mondex 電子錢包卡和另外一張 Mondex 電子錢包卡之間的劃撥。Mondex 還有一個特點，它的交易是不被追蹤的，這是 Mondex 最靈活、最

優越的地方，它可以保護持卡人的隱私；但同時，這也是 Mondex 最具爭議的地方，因為銀行無法追蹤審計每筆交易，會給違法者進行非法的資金劃撥創造條件。而且銀行審計追蹤的缺失，也對技術範疇的安全性實現提出了更高的要求。

目前 Mondex 最大的市場是亞太地區，澳大利亞、日本、印度、印度尼西亞、毛里求斯、新西蘭、菲律賓、新加坡、斯里蘭卡、泰國、越南等國，以及中國的港澳臺地區都已經得到許可授權。

（2）Proton。Proton 電子錢包的發展由 Proton World 負責。1999 年 1 月，Proton World 與安智、斯倫貝謝等世界主要 POS 機供應商簽署了協議，在這些代表全球 50%以上 POS 機市場份額的 POS 機產品中集成 Proton 技術。針對蓬勃發展的電子商務，Proton World 早在 1998 年年底就宣布基於 Proton 的電子錢包可以通過互聯網實現安全的資金圈存。與 PC 機相連接的集成 Proton 技術的智能卡讀卡器，提供了 PIN 碼校驗和交易金額確認的功能。用戶將讀卡器附帶的 PIN 碼輸入小鍵盤，所輸入的 PIN 碼將直接與智能卡存儲的 PIN 碼進行校驗。PIN 碼不會在網絡上傳輸，也不會被 PC 機讀取，這無疑可以增強用戶進行網上購物的信心。

Proton 與 Mondex 電子錢包最大的區別是 Proton 的每筆交易都可以被追蹤審計。目前，已經有大量 Proton 電子錢包在流通。

（3）Visa Cash。Visa Cash 是美國 GSA 組織的多應用雙界面智能卡項目中的一個應用。Visa Cash 同樣很重視移動電子商務應用，其於 1999 年在英國利茲進行了通過 GSM 網絡向 Visa Cash 電子錢包充值的試驗。Visa Cash 也在美國的政府智能卡項目中得到應用。Visa Cash 電子錢包在阿根廷、澳大利亞、巴西、加拿大、哥倫比亞、德國、愛爾蘭、以色列、義大利、日本、墨西哥、挪威、波多黎各、俄羅斯、西班牙、英國、美國等國家和中國香港、臺灣地區得到了較好的應用。

3.4 電子支票

3.4.1 電子支票的含義

電子支票也稱數字支票，是客戶向收款人簽發的、無條件的數字化支付指令，它可以通過計算機網絡來完成傳統支票的所有功能，即將傳統支票的全部內容電子化和數字化，形成標準格式的電子版，再借助計算機網絡（互聯網與金融專網）完成其在客戶之間、銀行與客戶之間以及銀行與

專項六　網上銀行與電子支付

銀行之間的傳遞與處理，從而實現銀行客戶之間的資金支付結算。簡單地說，電子支票就是傳統紙質支票的電子版。它包含和紙質支票一樣的信息，如支票號、收款人姓名、簽發人帳號、支票金額、簽發日期、開戶銀行名稱等，具有和紙質支票一樣的支付結算功能。電子支票系統傳輸的是電子資金，最大限度地利用了當前銀行系統的電子化與網絡化設施的優勢。

3.4.2　電子支票的支付流程

（1）付款人（消費者）和收款人（商家）達成購銷協議並選擇用電子支票支付。

（2）付款人利用自己的私鑰對填寫的電子支票進行數字簽名後，通過網絡發送給收款人，同時向銀行發出付款通知單。

（3）收款人通過認證中心對消費者提供的電子支票進行驗證，驗證無誤後將電子支票送交收單行索付。

（4）收單行把電子支票發送給自動清算所的資金清算系統，以兌換資金進行清算。

（5）自動清算所向付款人的付款銀行申請兌換支票，並把兌換的相應資金發送到收款人的收單行。

（6）收單行向商家發出到款通知，資金入帳。

電子支票與電子現金的系統架構類似，最大的不同點是電子現金需要發行單位為其所發行的現金擔保，因此電子現金發行單位在電子現金上的數字簽名很重要。而電子支票的開票人即付款人要為其所開出的支票兌現做擔保，因此付款人在電子支票上的數字簽名很重要。

3.4.3　電子支票支付模式的優缺點

（1）電子支票支付模式的優點如下：

第一，與傳統支票類似，用戶比較熟悉，易於接受。

第二，電子支票具有可追蹤性，所以當使用者遺失支票或者支票被冒用時，其可以停止付款並取消交易，故電子支票支付模式風險較低。

第三，電子支票通過應用數字證書、數字簽名及各種加密、解密技術，提供比傳統紙質支票中使用印章和手寫簽名更加安全可靠的防詐欺手段。加密的電子支票也比電子現金更易於流通，買賣雙方的銀行只要公開密鑰、確認電子支票即可，數字簽名可以被自動驗證。

(2) 電子支票支付模式的缺點如下：

第一，需要申請認證，並安裝證書和專用軟件，使用較為複雜。

第二，不適合小額支付及微支付。

第三，電子支票通常需要使用專用網絡進行傳輸。

第三方支付平臺是一些和國內外各大銀行簽約並具備一定實力和信譽保障的第三方獨立機構提供的交易支持平臺。在通過第三方支付平臺的交易中，買方選購商品後，使用第三方平臺提供的帳戶進行貸款支付，由第三方通知賣家貨款到達，要求進行發貨；買方檢驗物品後，就可以通知付款給賣家，第三方再將款項轉至賣家帳戶。相對於傳統的資金劃撥交易方式，第三方支付可以比較有效地保障貨物質量、交易誠信、退換要求等環節。其在整個交易過程中，都可以對交易雙方進行約束和監督。在不需要面對面進行交易的電子商務形式中，第三方支付為保證交易成功提供了必要的支持。因此，隨著電子商務在國內的快速發展，第三方支付行業為保證交易成功提供了必要的支持。國內普遍使用的第三方支付平臺有PayPal、支付寶、首易信支付、快錢等。現在我們以支付寶為例，講解通過支付寶第三方支付平臺進行付款的全過程：買家註冊一個支付寶帳號，利用開通的網上銀行給支付寶帳戶充值，然後利用支付寶帳戶在網站上進行購物並支付，這時貨款會先付給支付寶，支付寶在確認收到支付信息後，由賣家給買家發貨，買家收到商品後在支付寶上確認，支付寶公司收到買家確認收貨並滿意的信息後，最終給賣家付款。

技能訓練

登錄工商銀行手機銀行，體驗手機銀行業務，並完成以下兩項任務：

1. 查詢工商帳戶信息和交易記錄。

2. 為自己的手機充值。

專項六　網上銀行與電子支付

思考與練習

1. 什麼是電子支付方式？電子支付方式有哪些特徵？
2. 電子支付經歷了哪些發展階段？
3. 什麼是信用卡？信用卡主要有哪些功能？
4. 什麼是電子現金？電子現金有哪些特徵？
5. 簡述電子錢包的支付流程。
6. 什麼是電子支票？簡述電子支票的支付流程。

專項七 電子商務物流

主題1 電子商務物流與物流管理

主題引入

在海爾公司，一個產品從生產到銷售需要經過的環節有運輸、生產、包裝、儲存、流通加工、配送、銷售等。除去生產和銷售環節，運輸、包裝、儲存、流通加工、配送等流通環節對產品的質量也有著重要的影響。這些關鍵要素就是物流的基本組成部分。那麼，什麼是物流呢？

在飛速發展的電子商務環境下，海爾意識到高效率的現代物流系統是企業內部運作的生命線。為了建立起高效、迅速的現代物流系統，海爾請來了 SAP 公司，為海爾實施了基於協同化電子商務的現代物流管理系統。經過海爾與 SAP 近兩年的共同努力，海爾的現代物流管理系統不僅很好地提高了物流效率，而且極大地推動了海爾的電子商務發展，使海爾成為中國最大的網上交易產品供應商和電子商務公司之一。

那麼，什麼是電子商務物流？海爾電子商務環境下的物流又有什麼特點呢？

相關知識

物流是指為了滿足客戶的需要，以最低的成本，通過運輸、保管、配

專項七　電子商務物流

送等方式，實現原材料、半成品、成品及相關信息由商品的產地到商品的消費地所進行的計劃、實施和管理的全過程。

2001年8月，由中國物流與採購聯合會起草，並由國家質量技術監督局發布的《中華人民共和國國家標準物流術語》對物流做了如下解釋：

「物品從供應地向接收地的實體流動過程。根據實際需要，將運輸、儲存、裝卸、搬運、包裝、流通加工、配送、信息處理等基本功能實施有機結合。」

1　物流功能

物流活動由運輸、倉儲、裝卸、搬運、包裝、流通加工、配送、信息處理組成，也稱為「物流活動的基本職能」。

1.1　運輸

運輸是用設備和工具，將物品從某一地點向另一地點運送的物流活動。其中包括集貨、分配、搬運、中轉、裝入、卸下、分散等一系列操作。生產過程所需要的原材料、物料和配套資源所進行的實物性採購、儲存、發放，以及後續產成品的儲存、銷售都需要運輸活動的參與。

從物流系統的觀點來看，有三個因素對運輸來講是十分重要的，即成本、速度和一致性。

運輸成本是指為兩個地理位置間的運輸所支付的費用，是行政管理費用及運輸週轉過程中所需費用的總和。物流系統的設計應該考慮利用能把系統總成本降到最低程度的運輸，因為最低費用的運輸並不一定能產生最低的運輸總成本。運輸成本的降低，可以直接反應在商品價格的變化上。運輸成本的降低也可以增強企業產品的競爭能力。

運輸速度是指完成特定運輸所需的時間。在電子商務條件下，速度已上升為最主要的競爭手段。運輸速度的加快可以提高客戶對商品的滿意度，同時，運輸速度的加快也能使時令產品的品質得到保證。如此，產品能迅速上市，獲得較高的銷售價格。

運輸的一致性是指若干次裝運中履行某一特定的運次所需的時間與原定時間，或與前幾次運輸所需時間的一致性。它是運輸可靠性的反應。運輸的一致性影響運輸的速度，影響客戶對產品的獲得性，影響客戶的消費心理，並且會影響運輸成本。

1.2　倉儲

倉儲是為了克服生產和消費在時間上的矛盾而形成的。通過儲存，商

品的時間效用產生了。倉儲將根據各種倉庫，完成物資的堆碼、保管、保養、維護等工作，並把其功能延伸到銷售、供應、配送等領域。倉儲管理要求合理確定倉庫的庫存量，建立各種物資的保管制度，確定作業流程，提高保管技術。倉儲作為現代物流不可缺少的重要環節，具有如下重要作用：

（1）倉儲能對貨物進入下一個環節前的質量起保證作用。在貨物倉儲環節對產品質量進行檢驗能夠有效防止偽劣產品流入市場，保護了消費者權益，也在一定程度上保護了生產廠家的信譽。通過倉儲來保證產品質量需要做到兩點，一是在貨物入庫時進行質量檢驗，看貨物是否符合倉儲要求，嚴禁不合格產品混入庫場；二是在貨物的儲存期間，要盡量使產品不發生物理和化學變化，盡量減少庫存貨物的損失。

（2）倉儲是保證社會再生產過程順利進行的必要條件。貨物的倉儲過程不僅是商品流通過程順利進行的必要保證，也是生產過程得以進行的保證。在經營過程中，企業可以通過倉儲保證原材料的供應，並且能夠在保證商品儲存品質的限度內大批量購進，最大限度地享受批量優惠，降低生產成本。對於銷售情況不好的產品，企業可以通過倉儲延時銷售，獲取最大利潤。

（3）倉儲是加快商品流通、節約流通費用的重要手段。雖然貨物在倉庫中進行儲存時處於靜止狀態，會造成時間成本和財務成本的增加，但從整體上來說，倉儲不僅不會帶來時間的損耗和財務成本的增加，相反它能夠幫助加快流通，並且節約營運成本。

（4）倉儲能夠為貨物進入市場做好準備。倉儲能夠在貨物進入市場前完成整理、包裝、質檢、分揀等程序，這樣就可以縮短後續環節的工作時間，加快貨物的流通速度。

1.3 裝卸、搬運

裝卸是指將物品在指定的地點以人力或機械裝入運輸設備或卸下，搬運是指在同一場所內對物品進行水平移動。裝卸貨物時，貨物在空間上發生垂直方向的位移；搬運貨物是指讓貨物在小範圍內發生短距離的水平位移。

在企業經營中，採購、倉儲、流通加工等環節都離不開裝卸、搬運。裝卸、搬運的功能主要表現在以下幾方面：

（1）裝卸、搬運是伴隨生產過程和流通過程各個環節所發生的活動，

專項七　電子商務物流

也是銜接生產各階段和流通各環節之間的橋樑。因此，裝卸、搬運的合理化，對縮短生產週期、降低生產過程的物流費用、加快物流速度等，都起著重要作用。

（2）裝卸、搬運是保障生產和流通其他各環節得以順利進行的環節。它們的工作質量會對生產和流通其他各環節產生很大的影響，可能使生產過程不能正常進行，或者使流通過程不暢。所以，裝卸、搬運對物流過程其他各環節所提供的服務具有勞務性質，具有提供「保障」和「服務」的功能。

（3）裝卸、搬運是物流過程中的重要環節，它們制約著物流過程中其他各項活動，是提高物流速度的關鍵。由於裝卸、搬運是伴隨著物流過程其他環節的活動，因而往往沒有引起人們的足夠重視。可是，一旦忽視了裝卸、搬運，生產和流通領域輕則發生混亂，重則造成停頓。由此可見，改善裝卸、搬運作業，提高裝卸、搬運合理化程度，提高物流服務質量，發揮物流系統整體功能等，都具有重要的意義。

1.4　包裝

包裝是在流通過程中保護產品、方便運輸、促進銷售，按照一定的技術方法採用容器材料及輔助材料將物品包封，並給予適當標示的總體名稱。包裝包括包裝物和包裝操作。

包裝在物流系統中具有十分重要的作用。包裝是生產的終點，同時又是物流的起點，它在很大程度上制約了物流系統的運行狀況。將產品按一定數量、形狀、質量、尺寸大小配套進行包裝，並且按產品的性質採用適當的材料和容器，不僅可使裝卸搬運、堆碼存放、計量清點方便高效，而且可提高運動工具和倉庫的利用效率。具體來講，包裝具有以下功能：

（1）保護功能。這是維持產品質量的功能，是包裝的基本功能。在物流過程中，有些自然因素（如溫度、濕度、日照、有害物質、生物等）會對產品的質量產生影響，使產品損壞、變質。在裝卸搬運、運輸過程中，撞擊、振動也會使產品受損。為了維持產品在物流過程中的完整性，必須對產品進行科學包裝，避免各種外界不良因素對產品的影響。

（2）方便功能。經過包裝的商品能為商品流轉提供許多方便的條件。運輸、裝卸、搬運通常是以包裝的體積、質量為基本單位的，托盤、集裝箱、貨車等也是按一定包裝單位來裝運的。合適的包裝形狀、尺寸、質量和材料，能夠方便運輸、裝卸、搬運、保管的操作，提高其他物流環節的

效率，降低流通費用。

（3）銷售功能。包裝是商品的組成部分，它是商品的形象。包裝上的商標、圖案、文字說明等，是商品的廣告和「無聲的推銷員」，它是宣傳和推銷商品的媒體，激發著消費者的購買慾望。

1.5 流通加工

流通加工是物品在從生產地到使用地的過程中，根據需要施加包裝、分割、計量、分揀、刷標籤、組裝等簡單作業的總稱。流通加工是流通中的一種特殊形式，其目的是克服生產加工的產品在形質上與客戶要求之間的差異，或者是為了提高物流效率，使產需雙方更好地銜接。這些加工活動被放在物流過程中完成，成為物流的一個組成部分。流通加工的功能主要體現在以下幾方面：

（1）克服生產和消費之間分離的缺點，更有效地滿足消費需求。這是流通加工功能最基本的內容。現代經濟中，生產和消費在質量上的分離日益擴大化和複雜化。流通企業利用靠近消費者、信息靈活的優勢從事加工活動，能夠更好地滿足消費需求，使少規格、大批量生產與小批量、多樣性需求結合起來。

（2）提高加工效率和原材料利用率。集中進行流通加工時，可以採用技術先進、加工量大、效率高的設備，這樣不僅可以提高加工質量，還可以提高使用率和加工效率。集中進行加工還可以將生產企業生產的簡單規格產品，按照客戶的不同要求，進行集中下料，做到量材使用、合理套裁，減少剩餘料。同時，可以對剩餘料進行綜合利用，提高原材料的利用率，使資源得到充分、合理的利用。

（3）提高物流效率。有的產品的形態、尺寸、質量等比較特殊，如過大、過重的產品若不進行適當分解就無法裝卸運輸；生鮮食品不經過冷凍、保鮮處理，在物流過程中就容易變質、腐爛等。對這些產品進行適當加工，可以方便裝卸、搬運、儲存、運輸和配送，從而提高物流效率。

（4）促進銷售。流通加工對促進銷售也有積極作用，特別是在市場競爭日益激烈的環境下，流通加工成為重要的促銷手段。例如，將運輸包裝改換成銷售包裝，改變商品形象以吸引消費者；將蔬菜、肉類洗淨、切塊、分包，以滿足消費者的要求；對初級產品和原材料進行加工，以滿足客戶的需要，贏得客戶信賴，提高營銷競爭力。

1.6 配送

配送是按客戶的要求，進行貨物配備並送交客戶的活動。配送是一種

專項七　電子商務物流

直接面向客戶的終端運輸，客戶的要求是配送活動的出發點。配送的實質是送貨，但它以分揀、配貨等理貨活動為基礎，是配貨和送貨的有機結合形式。配送作為一種現代流通方式，在物流特別是在電子商務物流中的作用非常突出。

（1）配送有利於提高物流經濟效益。配送雖然處於物流過程的末端，但從上述流程可以看出，配送在一定程度上是物流活動的縮影。配送過程把若干物流功能結合起來，使它們有機地融為一體，從而提高了各項功能的效率。配送通過集中進貨可以降低進貨成本；通過集中庫存可以保持合理庫存，壓縮不必要的社會庫存，減少倉儲費用；通過合理配貨、共同配送，可以消除重複運輸、空載運輸，提高運輸工具的利用率，實現合理運輸，降低運輸成本。

（2）配送是客戶的後勤。配送是直接連接最終客戶的物流活動。由於配送中心網絡覆蓋面大，信息量大且傳遞快，物流手段先進，設施齊全，專業化程度高，它對客戶的服務成為現代化經濟中客戶不可缺少的後勤。對生產企業來講，可以根據企業生產的需要，組織原材料、輔助材料、零部件等，按計劃定時、定量配送，解除企業後顧之憂，大大減少企業庫存，或實現零庫存。對零售商店來講，可以按商店銷售狀況及時補充商品，既保證貨不斷檔，又可實現零庫存。對不同的中小客戶來講，組織共同進貨、共同配貨，可以使自己得到規模經濟的效益。

（3）配送有助於增強物流系統的宏觀調控能力。配送實行的集中庫存、共同配送等大物流的形式，可以從根本上改變一家一戶取貨送貨、重複設庫的小生產式的物流格局，從而打破了條塊分割，為流通主管部門進行有效的宏觀調控創造了良好的條件。同時，配送中心又是物流系統中最重要的信息中心和調配中心，因此，對配送中心的管理在很大程度上可以影響對物流系統的宏觀調控。

1.7　信息處理

物流信息是連接運輸、保管、裝卸、包裝各環節的紐帶，沒有各物流環節信息的及時供給，就沒有物流活動的時間效率和管理效率，也就失去了物流的整體效率。因此，將在各個物流環節中產生的物流信息進行即時採集、分析、傳遞，並向貨主提供各種作業明細信息及諮詢信息，這對現代物流中心來說是相當重要的。物流信息處理包括訂貨信息處理、進貨信息處理、倉儲信息處理、包裝信息處理、運輸信息處理、配送信息處

理等。

（1）訂貨、進貨信息處理包括訂貨統計分析、退貨處理、進貨管理。

（2）生產過程中倉儲信息的管理包括進行庫存預算與庫存實際的對比、進行標準庫存週轉率與實際週轉率的對比、分析過剩庫存、分析缺貨庫存、分析商品的惡化和破損原因。

（3）包裝信息處理可以對包裝材料、包裝過程進行管理，並且分析包裝費用。

（4）運輸信息處理不僅可以提供各種運輸方式下的貨物跟蹤，還可以提供多點操作、多級配送下的貨物在倉或在途狀態，保障整個物流過程的有效監控與快速運轉。並且其可以根據用戶的要求同時提供在海關、商檢等環節的詳細追蹤。另外，系統還提供例外故障報告和處理結果，客戶可以在任何時間、任何地點在網上查看歷史和當前狀態。

（5）配送信息處理可以幫助企業進行配送中心數量、位置、區域的確定。其可以傳達配送指示、與配送貨物的抵達點聯絡、跟蹤貨物，進而進行效率分析、車輛的調動分析等。

即時準確的物流全程服務信息，可以幫助企業優化供應鏈管理，合理選擇物流服務方案，增加企業價值。其貫穿於採購、分銷等整個企業外部物流全過程，有力整合客戶資源與需求，保障業務運作高效、有序地進行。其可以在營運信息基礎上建立數據倉庫，通過應用數據挖掘等技術，為管理決策層提供運作分析數據，為企業有效的經營決策提供依據。

2　電子商務物流的定義

在電子商務時代，電子工具和網絡通信技術的運用使交易各方的時空距離幾乎為零，有力地促進了信息流、商流、資金流、物流這「四流」的有機結合。對於某些可以通過網絡傳輸的商品和服務，甚至可以做到進行「四流」的同步處理，例如通過上網瀏覽、查詢、挑選、點擊，用戶可以完成某一電子軟件的整個購買過程。

電子商務物流實際上就是電子商務環境下的現代物流。具體來說，其是指基於電子化、網絡化的信息流、商流、資金流下的物資或服務的配送活動，包括軟件商品（或服務）的網絡傳送和實體商品（或服務）的物理傳送。

與傳統物流相比，電子商務物流具備以下一系列新特點：

專項七　電子商務物流

2.1　信息化

電子商務時代，物流信息化是電子商務的必然要求。物流信息化表現為物流信息的商品化、物流信息收集的數據庫化和代碼化、物流信息處理的電子化和計算機化、物流信息傳遞的標準化和即時化、物流信息存儲的數字化等。

物流公司可以與碼頭、機場、海關等進行聯網。當貨物從世界各地起運時，客戶便可以從該公司獲得貨物到達的時間、到達的準確位置，讓收貨人與各倉儲、運輸公司等做好準備，使商品在幾乎不停留的情況下，快速流動，直達目的地。物流信息化大大提高了物流企業的服務水平，降低了成本。

在大型的配送公司裡，一般都建立了 ECR 和 JIT 系統。系統通過對客戶消費的科學、系統的分析，可做到在保證商品最低庫存的情況下及時滿足客戶的需求，提高倉庫商品的週轉次數，並且可以根據客戶的反饋調整產品生產。

2.2　自動化

自動化的基礎是信息化，核心是機電一體化，外在表現是無人化，效果是省力化。另外，物流自動化還可以增強物流作業能力、提高勞動生產率、減少物流作業的差錯等。如北京市醫藥總公司配送中心，其揀選貨架（盤）上配有可視的分揀提示設備，這種分揀貨架與物流管理信息系統相連，動態地提示被揀選的物品和數量，指導著工作人員的揀選操作，提高了貨物揀選的準確性和速度。

2.3　網絡化

物流領域網絡化的基礎也是信息化。這裡的網絡化有兩層含義。一是物流配送系統的計算機通信網絡。物流配送中心與供應商或製造商的聯繫要通過計算機網絡，另外與下游顧客之間的聯繫也要通過計算機網絡。比如物流配送中心向供應商提交訂單這個過程，就可以使用計算機通信方式。提交訂單可以借助增值網上的電子訂貨系統（EOS）和電子數據交換技術（EDI）來自動實現。另外，物流配送中心通過計算機網絡收集下游客戶的訂貨的過程也可以自動完成。二是組織的網絡化，即所謂的企業內部網。

電子商務購物者可以通過網絡選購貨物，選擇物流方式，進行電子支付，而電子化產品甚至可以直接通過網絡獲取；電子商務企業可以通過網

絡向顧客發送電子化產品，向物流中心下訂單，提高了運作速度。

比如，目前通過海爾的 BBP 採購平臺，所有的供應商均能在網上接收訂單，下達訂單的週期從原來的 7 天以上縮短為 1 小時內，而且準確率達 100%。除下達訂單外，供應商還能通過網絡查詢庫存、配額、價格等信息，實現及時補貨，實現 JIT 採購。

2.4　智能化

智能化是物流自動化、信息化的一種高層次應用。物流作業過程中大量的運籌和決策，如庫存水平的確定、運輸（搬運）路徑的選擇、自動導向車的運行軌跡和作業控制、自動分揀機的運行、物流配送中心經營管理的決策支持等，都需要借助大量的知識才能解決。在物流自動化的進程中，物流智能化是不可迴避的技術難題。專家系統、機器人等相關技術在國際上已經有比較成熟的研究成果。為了提高物流現代化的水平，物流的智能化已成為電子商務物流發展的一個新趨勢。

2.5　柔性化

柔性化本來是為實現「以顧客為中心」理念而在生產領域提出的，但要真正做到柔性化，即能真正根據消費者需求的變化來靈活調節生產工藝，沒有配套的柔性化的物流系統是不可能達到目的的。20 世紀 90 年代，國際生產領域紛紛推出彈性製造系統（Flexible Manufacturing System，FMS）、計算機集成製造系統（Computer Integrated Manufacturing System，CIMS）、製造資源系統（Manufacturing Requirement Planning，MRP）、企業資源計劃（ERP），以及供應鏈管理的概念和技術。這些概念和技術的實質是要將生產、流通進行集成，根據需求端的需求組織生產，安排物流活動。因此，柔性化的物流正是適應生產、流通與消費的需求而發展起來的一種新型物流模式。這種新型物流模式要求物流配送中心要根據消費需求「多品種、小批量、多批次、短週期」的特色，靈活組織和實施物流作業。這種組織方式很好地促進了電子商務的發展。

2.6　全球化

全球經濟一體化使企業面臨著許多新問題，也使得物流企業向跨國經營和全球化發展。電子商務的發展，要求物流企業和生產企業更緊密地聯繫在一起，形成社會大分工。生產企業集中精力製造產品、降低成本、創造價值，物流企業則要花費大量時間和精力更好地提供物流服務。

物流的全球化反過來促進了電子商務全球化的發展。

專項七　電子商務物流

2.7　多功能化

在電子商務環境下，物流企業是介於買賣雙方之間的第三方，其以服務作為第一宗旨。一體化的配送中心不單單提供倉儲和運輸服務，還必須開展配貨、配送和各種提高附加值的流通加工服務項目，也可按客戶的需要提供其他服務。例如商店將銷售情況及時反饋給工廠的配送中心，有利於廠商按照市場調整生產，也有利於配送中心調整配送計劃，使企業的經營效益跨上一個新臺階。

2.8　一體化

物流一體化就是以物流系統為核心，由生產企業經物流企業、銷售企業直至消費者的供應鏈的整體化和系統化。物流一體化是物流產業化的發展趨勢，它還必須以第三方物流充分發展和完善為基礎。

利用上述特點，電子商務物流企業可以一方面抓住用戶的需求，另一方面抓住可以滿足用戶需求的全球供應鏈，再把這兩種能力結合在一起，提高用戶的忠誠度，提高企業的核心競爭力。

主題實施

海爾特色物流管理的「一流三網」充分體現了現代物流的特徵：「一流」是以訂單信息流為中心；「三網」分別是全球供應鏈資源網絡、全球用戶資源網絡和計算機信息網絡。「三網」同步運作，為訂單信息流的增值提供了支持。

海爾網絡營銷特色是「一流三網」，可以實現以下目標：

（1）為訂單而採購，消滅庫存。在海爾，倉庫不再是儲存物資的「水庫」，而是一條流動的「河」。海爾按訂單來進行採購、製造等活動，從根本上消除了呆滯物資，消滅了庫存。海爾集團每個月平均接到6,000多個銷售訂單，這些訂單的定制產品品種達7,000多種，需要採購的物料品種達15萬種。新的物流體系將呆滯物資降低了73.8%，倉庫面積減少了50%，庫存資金減少了67%。

（2）贏得全球供應鏈網絡。海爾通過整合內部資源、優化外部資源，使供應商由原來的2,336家優化至978家，同時國際化供應商的比例上升了20%。海爾建立了強大的全球供應鏈網絡，有力地保障了產品的質量和交貨期。不僅如此，更有一批國際化大公司已經帶著高科技和新技術參與

了海爾產品的前端設計，目前可以參與產品開發的供應商比例已高達32.5%。

（3）實現三個JIT（Just In Time）。即實現JIT採購、JIT配送和JIT分撥物流的同步。目前通過海爾的BBP採購平臺，所有供應商均在網上接受訂單，並通過在網上查詢計劃和庫存，及時補貨，實現JIT採購；貨物入庫後，物流部門可根據次日的生產計劃利用ERP信息系統進行配料，同時根據看板管理在4小時內送料到工位，實現JIT配送；生產部門按照B2B、B2C訂單的需求完成訂單以後，滿足用戶個性化需求的定制產品便可以通過海爾全球配送網絡送到用戶手中。目前，海爾在中心城市實現8小時配送到位，區域內24小時配送到位，全國4天內配送到位。海爾物流每年的採購額達到數百億元，所有的物資都是按訂單採購的。

物流的分類如下：

（1）按照物流作用劃分，可分為供應物流、銷售物流、生產物流、回收物流、廢棄物流。

（2）按照物流活動的空間範圍劃分，可分為地區物流、國內物流、國際物流。

（3）按照物流系統性質劃分，可分為社會物流、行業物流、企業物流。

思考與練習

1. 什麼是物流？
2. 物流有哪些基本功能？
3. 通過查詢海爾網站信息，分析電子商務物流的特點。

專項七　電子商務物流

主題 2　電子商務物流的選擇

主題引入

戴爾計算機公司於 1984 年由企業家邁克爾·戴爾創立。戴爾的理念非常簡單：按照客戶的要求製造計算機，並向客戶直接發貨。這使戴爾公司能夠更有效、更明確地瞭解客戶需求，繼而迅速做出回應。1996 年，戴爾公司在其網站上嵌入了電子商務功能，從而使其直銷模式從傳統商務轉向了電子商務。此舉進一步提高了戴爾公司的服務水平，增強了其競爭能力。

電子商務環境要求物流企業創新客戶服務模式。在電子商務環境下，物流的運作是以信息為中心的，信息不僅決定了物流的運動方向，也決定了物流的運作方式。那麼在此種環境下，電子商務企業如何選擇適合自己的物流方式呢？戴爾公司可以選擇的物流方式有哪些呢？

相關知識

按照物流活動的承擔主體，物流活動可以劃分為自營物流、第三方物流、專業子公司物流等。

1　自營物流

自營物流主要是指工業企業自己營業的物流。企業通過獨立組建物流配送中心（即生產企業內部自己成立專門的物流部門），實現對內部物品的供應、配送。這種配送中心的各種物流設施和設備歸一家企業所有，其主要的經濟來源不在於物流。

現代企業自營物流已不是傳統企業的物流作業功能的自我服務，它是基於供應鏈物流管理、以製造企業為核心的經營管理新概念。

1.1　分類

與企業的複雜類型相適應，企業自營物流的類型也較複雜。一般來說，企業自營物流有生產企業自營物流、批發企業自營物流、零售企業自

營物流三種類型。

1.2 優勢

（1）掌握業務控制權，爭取市場主動。企業物流系統自營不僅可以對企業內部一體化物流系統運作的全過程進行有效的控制，還可進一步延伸到供應鏈物流管理過程中，即通過內部信息系統與互聯網，實現企業內部產供銷的物流協同，及其與上下游企業的物流協同。其以較快的速度解決物流活動管理過程中出現的任何問題，從而保證客戶的滿意度和最終產品成本的降低。此外，企業物流系統自營，還可以利用自身掌握的供應商、經銷商以及最終顧客的第一手信息資料有效協調供應鏈各個環節，及時調整自己的經營戰略，從而在激烈的市場競爭中掌握業務控制權，爭取市場主動。

（2）盤活企業資源，開闢第三利潤源泉。目前中國生產企業中，有73%的企業擁有汽車車隊，73%的企業擁有倉庫。企業的平均倉儲面積為3,126平方米，物流裝卸機具自有率超過60%。3%的企業擁有鐵路專用線，並有大批熟悉企業生產經營業務的物流管理與作業人員。如此多的資源，企業如果不加以整合利用，將給自己帶來巨大的沉沒成本，形成較大的資產退出障礙。企業選擇系統自營物流的模式，通過企業改制與業務流程再造盤活原有物流資源，帶動資金流轉，為企業在「第三利潤」領域開闢了新的利潤空間。

（3）降低轉置成本，降低外購交易風險。物流作業外包的情況下，由於信息的不對稱性，企業為維持外包物流服務的穩定性與可靠性，相應的監察、協調、集成等轉置管理成本會相應增加。最大的風險是企業無法完全掌握物流服務商完整、真實的資料。外包商的不確定性和社會的複雜性，可能會引發物流商違規博弈的風險，導致執行外包合約的交易費用上升。而物流系統自營的情況下，物流作業處在企業整個業務監控體系之下，協調、監控成本大大減少，不確定性因素也能為企業所控制。

（4）避免機密洩露，保護企業經營安全。任何一個企業都有自身的核心商業機密，如原材料的進貨渠道、價格、品項構成、生產製造工藝、技術、產品銷售渠道、服務手段等，這些都是企業有別於其他競爭企業的核心能力，企業不得不採取保密手段。當企業將營運中的物流要素外包，特別是引入第三方來經營其供應、生產環節中的內部物流時，其基本的營運情況和技術就不可避免地向第三方公開了。一般來說，第三方為發揮其規

專項七　電子商務物流

模物流的效率，會擁有該行業的諸多客戶，而這些客戶正是企業的競爭對手。企業物流外包後，第三方便可能將企業的商業秘密洩露給競爭對手，動搖企業的競爭力。因此，企業物流系統自營對避免機密洩露、保護企業經營安全有十分重要的意義，這也是企業不願將物流外包的根本原因之一。

（5）降低系統運作成本，實施企業物流一體化管理。現代企業物流管理的目標就是運用系統的思想方法對企業物流活動實施計劃、組織、協調和控制，以實現企業物流系統整體的合理化和效率化，從而達到降低物流系統總成本、提高物流服務水平的目的。因此，無論是企業自己經營物流還是第三方經營物流，企業的物流管理活動必須貫穿企業生產經營活動的始終。為降低系統總成本、提高系統作業效率，企業必須擁有屬於自己的一體化物流管理體系，為生產營銷提供支持。

（6）提高顧客滿意度，提升企業品牌價值。有關統計報告顯示，中國目前開展的有限的 TPL 物流服務中，有 23% 的生產企業和 7% 的商業企業對第三方物流的服務不滿意。由此可見，中國物流產業尚處於低水平營運狀態，難以代替企業實現其讓顧客滿意的價值。為提高顧客滿意度、忠誠度，提升企業品牌價值，企業自建物流系統可自主控制營銷活動。一方面，企業親自服務到家，拉近與顧客的距離，使顧客瞭解企業、熟悉產品，提升企業在顧客群體中的親和力，樹立良好的企業形象；另一方面，企業可以掌握最新的顧客信息和市場信息，從而根據顧客需求和市場發展動向調整戰略方案，提高企業的競爭力。

1.3　劣勢

雖然企業自營物流有很多優勢，但是我們必須清醒地認識到，企業自營物流也有缺點，具體體現為以下幾點：

（1）增加了企業投資負擔，削弱了企業抵禦市場風險的能力。企業為了自營物流，就必須投入大量的資金用於倉儲設備、運輸設備的購置、維修等，同時人力資源成本也會增加。這必然會減少企業對其他重要環節的投入，削弱企業的市場競爭能力。

（2）企業配送效率低下，管理難以控制。對絕大多數企業而言，物流部門只是企業的一個後勤部門，物流活動也並非是企業所擅長的。在這種情況下，企業自營物流就等於迫使企業從事不擅長的業務活動，企業的管理人員也需要花費過多的時間、精力和資源去從事輔助性的工作。最糟糕

的是，很有可能輔助性的工作沒有抓起來，關鍵性業務也無法發揮出核心作用。

（3）規模有限，物流配送的專業化程度非常低，成本較高。對於規模不大的企業，其產品數量有限，採用自營物流不能形成規模效應。一方面，自營物流導致物流成本過高，產品在市場上的競爭能力下降；另一方面，由於規模有限，物流配送的專業化程度非常低，不能滿足企業的需要。

（4）無法進行準確的效益評估。由於許多自營物流的企業採取的是內部各職能部門彼此獨立地完成各自的物流的方式，沒有將物流分離出來進行獨立核算，因此企業無法計算出準確的產品物流成本，無法進行準確的效益評估。

2　第三方物流

第三方物流（Third Party Logistics）在20世紀80年代中期從歐美流傳開來，是由相對第一方發貨人和第二方收貨人而言的第三方企業來承擔企業物流活動的一種物流形態。它通過與第一方或第二方的合作來提供專業化的物流服務。其不擁有商品，不參與商品買賣，而是為客戶提供用合同約束、以結盟為基礎的系列化、個性化、信息化的物流代理服務。最常見的第三方物流服務包括設計物流系統、EDI能力、報名管理、貨物集運、選擇承運人、貨代人、海關代理、信息管理、倉儲、諮詢、運費支付、談判等。

目前對第三方物流的解釋有很多，國外尚沒有一個統一的定義。中國2001年發布的《中華人民共和國國家標準物流術語》將第三方物流定義為「供方與需方以外的物流企業提供物流服務的業務模式」。

2.1　分類

（1）按照物流企業完成的物流業務範圍的大小和所承擔的物流功能，可將物流企業分為功能性物流企業和綜合性物流企業。

（2）按照物流企業是自行完成和承擔物流業務還是委託他人進行操作，可將物流企業分為物流自理企業和物流代理企業。

2.2　特點

第三方物流模式與傳統的企業物流模式有很大的區別，其具有以下特徵：

專項七　電子商務物流

（1）長期性。TPL要求雙方建立長期戰略合作夥伴關係。

（2）正規性。要求通過合同確定合約雙方關係。

（3）密切性。第三方從貨主的角度管理物流業務。

（4）服務的增值性。除了運輸與倉儲業務，第三方物流服務還涵蓋了相關的管理、分析、設計等內容。

（5）以現代信息技術為基礎。現代信息技術實現了數據的快速、準確傳遞，提高了倉庫管理、裝卸運輸、採購訂貨、配送發貨、訂單處理的自動化水平，是第三方物流發展的必要條件，客戶可以更方便地使用信息技術與物流企業進行交流和協作，企業間的協調和合作有可能在短時間內迅速完成。

（6）TPL企業既是戰略投資人，又是風險承擔者。業務的利潤不是來自運費、倉儲費用等直接收入，而是來源於與客戶一起在物資領域創造的新價值。TPL企業是以投資人的身分為生產經營企業服務的，與其形成戰略同盟者關係，需要承擔同盟者的經營風險。

2.3　優勢

（1）歸核優勢。企業引入第三方物流服務，有利於專心搞好本業，將有限的資源集中投入核心業務，提高自身的核心競爭力。

（2）業務優勢。①使生產企業獲得自己本身不能提供的物流服務。由於客戶從事的行業不同，客戶服務要求也千差萬別。例如生鮮產品對快速、及時、冷藏的要求，危險化工品對安全性、倉儲設備的要求。這些差異很大的要求往往是生產企業內部的物流系統所不能滿足的，但卻是第三方物流市場細分的基礎。生產企業通過物流業務的外包，可以將這些主題轉交給第三方物流公司，由其提供具有針對性的定制化物流服務。②降低物流設施和信息網絡滯後對企業的影響。小企業的物流部門缺乏與外部資源的協調，當企業的核心業務迅猛發展時，需要企業物流系統快速跟上，這時企業原來的自營物流系統往往由於硬件設施和信息網絡的局限而滯後，而第三方物流恰好可以突破資源限制的瓶頸。

（3）成本優勢。①第三方物流可降低生產企業運作成本。專業的第三方物流提供商利用規模生產的專業優勢和成本優勢，通過提高各環節資源的利用率實現費用節省，使企業能從分離費用結構中獲益。對生產型企業來說，物流成本在整體生產成本中占了較大的比重。另外，由於企業使用外協物流作業，可以事先得到物流服務供應商申明的成本或費用，使可變

成本轉變成不變成本，而穩定的成本使得規劃和預算手續更為簡便，這也是物流外包的優勢之一。②第三方物流可以減少固定資產投資。現代物流領域的設施、設備與信息系統的投入是相當大的，企業通過物流外包可以減少對此類項目的建設和投資，變固定成本為可變成本，並且可以將由物流需求的不確定性和複雜性所帶來的財務風險轉嫁給第三方。尤其是那些業務量呈現季節性變化的公司，外包對其資產投入的影響更為明顯。

(4) 客服優勢。①第三方物流的信息網絡優勢。第三方物流企業所具有的信息網絡優勢使其在提高顧客滿意度方面具有獨特的優勢。第三方物流可以利用強大、便捷的信息網絡來提高訂單處理能力、縮短對客戶需求的反應時間、進行直接到戶的點對點的配送，實現商品的快速交付，提高顧客的滿意度。②第三方物流的服務優勢。第三方物流企業所具有的專業服務可以為顧客提供更多、更周到的服務，加強企業的市場感召力。另外，設施先進的第三方物流企業還具有對物流全程監控的能力。利用先進的信息技術和通信技術，第三方物流企業可以對在途貨物實施監控，及時發現、處理配送過程中出現的意外事故，保證將貨物安全送到目的地。③降低風險，提升企業形象。企業與第三方物流服務供應商是戰略夥伴，共擔風險，企業通過選擇第三方物流服務，可以分散物流相關環節產生的風險，有利於提高企業生產經營的適應性。第三方物流服務供應商通過對全球性的信息和服務網絡、專業化設施和技術以及專業人員的投入，對企業的物流環節乃至整條供應鏈進行監控和優化，改進企業的服務，提升企業的形象。

2.4 劣勢

不難看出，第三方物流確實能給企業帶來多方面的利益，但這並不意味著物流外包就是所有企業的最佳選擇。事實上，第三方物流也不可避免地存在以下負面效應：

(1) 生產企業對物流的控制能力降低。由於第三方的介入，企業自身對物流的控制能力下降。在雙方協調出現問題時，可能會出現物流失控的風險，從而使企業的客服水平降低。另外，由於外部服務商的存在，企業內部更容易出現相互推卸責任的情況，影響了企業效率。

(2) 客戶關係管理的風險。①企業與客戶的關係被削弱。由於生產企業是通過第三方來完成產品的配送與售後服務的，企業同客戶的直接接觸少了，這對企業建立穩定密切的客戶關係非常不利。②客戶信息洩露風

專項七　電子商務物流

險。客戶信息對企業而言是非常重要的資源，但第三方物流公司並不只面對一個客戶。在第三方物流公司為企業競爭對手提供服務的時候，企業的商業機密被洩露的可能性將增加。

（3）連帶經營風險。第三方物流公司與企業是長期合作關係，如果服務商自身經營不善，則可能影響企業的經營，而解除合作關係又會產生較高的成本。

3　專業子公司物流

專業子公司物流是指企業下面成立的專門負責本企業全部物流活動或部分物流活動的物流管理子公司。

3.1　分類

物流子公司有兩種類型，即物流管理公司的企業和運輸、保管、裝卸、搬運、包裝等活動與母公司的活動相分離的企業。

3.2　優勢

（1）費用明確。物流費中除運費、保管費、包裝材料費外，其他的生產費、銷售費和一般經費是作為物流費支付的，可以明確這些費用的全貌。

（2）價格合理。由於物流費是母公司與子公司共同協商設定的，故物流費可逐漸趨於合理。

（3）專業性強。子公司系專業物流公司，可致力於物流技術水平的提高，而母公司可以專心於產品的生產。

（4）專業公司不僅受理母公司的貨物，也可受理其他顧客的貨物，故可以維持一定的操作水平。

（5）因專業公司只能在物流業務中提高效益，故其必須致力於物流的合理化。

（6）制度靈活。可以分別採用適用於物流母公司和適用於物流子公司的不同勞務管理體制。

雖然專業子公司物流有上述諸多優勢，但因為子公司受制於總公司的管理，不能真正放開手腳發展，故其容易在關鍵環節處理不好。

4　電子商務企業選擇物流方式的原則

4.1　從財務角度考慮

企業是營利性組織，其出發點和歸宿是獲利。企業只有獲利才有生存

的價值，才能實現企業價值最大化這一財務目標。而該目標的實現又受各方面的影響，如投資項目、資本結構、成本等。

在考慮物流成本時，要注意以下幾個方面：

(1) 資本的投入。自營情況下，為滿足本企業物流的需要，必須有足夠的管理人員和固定資產的投入。固定資產指倉庫、運輸車輛、裝卸叉車等，還有必要的管理軟件設施等。這些資金中除了對管理人員的支出不是一次性的外，其他的都屬一次性支出。這就必須考慮投資成本和投資項目的可行性。因為市場是不斷變化的，為了適應市場的變化，企業應不斷地改進自己的營銷和生產行為。倉庫和車輛的購入占用了企業的資金，並且由於其固定性，企業遇到緊急情況時很難迅速應變。

(2) 資金的週轉。資金週轉的指標包括存貨的週轉率、應收帳款的週轉率、資產週轉率等。其中與物流關係最密切的是存貨的週轉。

存貨週轉率＝銷售成本/平均存貨

存貨週轉天數＝360/存貨週轉率＝（360×平均存貨）/銷售成本

存貨週轉得越快，存貨的占用水平越低，流動性越強；占用資金越少，資金的使用率越高。資金週轉得越快，流動性越強，企業的贏利能力就越強。企業內資金的運作及週轉對一個企業來講是非常重要的。現代企業流行使用的及時管理方法要求供應商小批量、頻繁運送，但是小批量、頻繁運送將增加運輸成本。為了降低運輸成本，及時管理方法要求積極尋找集裝機會。

(3) 專業設施的配備成本。除了使用專業的物流硬件設施外，為了適應市場的需求，必須配備專業的物流軟件設施和人員。這些都需要大量的資金支出。

4.2　企業的核心能力和發展方向

在企業發展中，應該以對企業自身能力和另外可獲得的能力的評估以及核心業務與非核心業務的劃分來確定企業物流應該外包還是自營。假如一個製造商或零售商缺乏倉儲運輸方面的專門技術，並且物流設備花費很高，那麼企業應該考慮利用第三方物流提供者的服務。相反，如果供應鏈管理對一個公司的市場成功非常重要，並且想把供應鏈管理職能作為一項核心能力來開發，則該公司應自營物流。

4.3　承擔風險的能力和企業的管理理念

採用第三方物流時，企業與物流企業之間優勢互補、風險共擔。這在

專項七　電子商務物流

一定程度上給了企業一些轉嫁風險的空間，使企業在遇到重大意外時能有一定的回旋餘地。有的企業在經營過程中，為了管理上的方便，不願擁有龐大的職工隊伍，因此，在成本相差不多且不想將物流作為核心能力來發展的情況下，企業更趨向於用第三方物流。

企業在具體的選擇過程中，必須針對實際需求和基本要求，明確需要的專業化物流服務企業必須具備哪些條件。如果企業需要倉儲服務，就應該明確倉庫在哪裡，倉儲條件如何，需要什麼樣的設施。如果企業需要運輸服務，就應該明確需要哪條線路，運輸什麼時候進行。如果企業需要整體物流提供規劃管理和優化組合服務，就應該明確供應區域和貨物流轉的情況。

如果採用外包的方式，則對符合條件的物流企業進行必要的對比篩選工作時，篩選的基本原則是服務第一、可成長第二、價格第三。選擇專業化的物流服務企業的目標就是規範化物流、形成最佳成本的物流。價格最低的不一定是最好的物流，所以價格排第三位，針對目前需求的服務才排第一位。所謂可成長，是指服務是有進一步提高的可能性的。基本服務絕對不能是選擇的公司能提供的最好服務，因為一旦如此，物流將不可能隨著不斷改變的需求不斷完善和改進。

5　物流管理的目標

物流管理（Logistics Management）是指在社會生產過程中，根據物質資料實體流動的規律，應用管理的基本原理和科學方法，對物流活動進行計劃、組織、指揮、協調、控制和監督，使各項物流活動實現最佳的協調與配合，以降低物流成本，提高物流效率和經濟效益。

從企業的角度來看，物流管理的核心是在供應鏈中流動的存貨。控制存貨的數量、形態和分佈，提高存貨的流動性，使物流、資金流、信息流、控制流暢通並形成一個完整的閉環反饋系統，在「最需要的時候提供最適量的物料」，是企業內部物流管理的根本所在。因此，企業內部物流管理就是指企業對採購、生產、銷售過程中各種形態的存貨進行有效協調、管理和控制的過程。

物流管理的內容包括三個方面，即對物流活動諸要素的管理，包括對包裝運輸、儲存等環節的管理；對物流系統諸要素的管理，即對其中人、財、物、設備、方法和信息六大要素的管理；對物流活動中具體職能的管

理，主要包括對物流計劃、質量、技術、經濟等職能的管理。

實施物流管理的目的就是要在盡可能最低的總成本條件下實現既定的客戶服務水平，即尋求服務優勢和成本優勢的一種動態平衡，並由此創造企業在競爭中的戰略優勢。據此，現代物流管理追求的目標可以概括為「7R」：將適當數量（Right Quantity）的適當產品（Right Product），在適當的時間（Right Time）和適當的地點（Right Place），以適當的條件（Right Condition）、適當的質量（Right Quality）和適當的成本（Right Cost）交付給客戶。

具體來講，通過加強物流系統管理，可以實現以下「7S」：

5.1　服務（Service）目標

要建立一個效果好、效率高的物流系統，就必須同時考慮物流成本費用與顧客服務水平，處理好兩者之間的關係。集成化物流管理的主要目標就是要以最低的總成本費用實現整個集成化物流管理系統顧客服務的最優化。

物流系統採取送貨、配送等形式，就是其服務性的體現。在技術方面，近年來出現的準時供貨方式、柔性供貨方式等，也是其服務性的體現。

如果是企業自營物流，則必須採取各種手段保證此目標的實現；如果是採用第三方物流，企業只要選擇一個合適的物流企業即可。

5.2　快捷（Speed）目標

是否能快速回應關係到企業是否能及時滿足顧客的需求。使用信息技術可以提高配送中心在最短時間內完成物流作業並盡快交付所需存貨的能力。這樣就可以減少傳統上按預期的商店需求過度儲備存貨的情況。

如果企業自營物流，則需進行硬件、軟件方面的更新，保證能夠及時滿足顧客要求。而如果企業選擇第三方物流，則需要對所選企業進行監督，並根據需要調整合作企業。

5.3　節約（Space Saving）目標

節約（在物流領域體現為有效利用面積和空間）是經濟領域的重要規律。在物流領域，由於流通過程消耗大而又基本上不增加商品使用價值，所以需要通過節約來降低投入，這是提高相對產出的重要手段。

對於企業自營物流來說，節約目標的實現有著較高的要求，即必須對整個流程的各個環節進行改造，才能達到節約的目的。而對於選擇第三方

專項七　電子商務物流

物流的企業來說，只要跟物流企業談好價格即可實現節約。

5.4　規模優化（Scale Optimization）目標

企業以物流規模作為物流系統的目標，以此來追求規模效益。生產領域的規模生產是早已為社會所承認的。由於物流系統的穩定性比生產系統差，因而難以形成標準的規模化格式。在物流領域，以分散或集中的方式建立物流系統，研究物流集約化程度，就是規模優化這一目標的體現。

對於企業自營物流來說，規模優化也是要考慮的問題。而對於選擇第三方物流的企業來說，這一個目標是由物流企業來實現的。

5.5　庫存（Stock Control）目標

物流管理的目標之一就是實現最低庫存，最低庫存的目標是減少資產負擔和提高存貨週轉速度。存貨的高週轉率意味著分佈在存貨上的資金得到了有效的利用。

不管是企業自營物流還是採用第三方物流，庫存目標都是企業必須要考慮的問題。只不過企業自營物流的方式，使庫存目標的實現更加直接，而若採用第三方物流的方式，企業便可以將庫存問題轉嫁給物流企業，或者通過對物流的監督篩選獲得更好的庫存標準。

5.6　安全性（Safe）目標

物流活動必須保證安全，物流過程中貨物不能被盜、被搶、被凍、被曬、被雨淋，不能發生交通事故，要確保貨物準時、準地點、原封不動地送達。同時，裝卸、搬運、運輸、保管、包裝、流通加工等各環節作業，不能給周圍帶來影響，應盡量減少廢氣、降低噪聲等，符合環境保護要求。

安全性目標對企業自營物流和第三方物流同樣重要。對企業自營物流來說，可以通過物流過程中人員的培訓管理、車輛的監控、各種先進技術的使用來保證安全。而對選擇第三方物流的企業來說，就需要根據客戶的反饋情況，及時對物流企業進行監督、更換。

5.7　總成本（Sum Cost Minimum）目標

通常情況下，訂貨費、運輸費、倉儲費、庫存成本以及其他物流費用都是相互聯繫的。因此，為了實現有效的物流管理，必須將物流系統作為一個有機整體來考慮，並使實體供應、製造支持與實體分銷之間達到高度均衡。從這一意義出發，總成本最小化目標並不是指運輸費用和庫存成本，或其他任何物流活動的成本最小，而是指與物流活動有關的所有成本

的總和最小化。

總成本目標是企業自營物流一直致力解決的問題，而選擇第三方物流的企業只要選擇價格、安全性等綜合評價最好的物流企業即可。

物流管理強調運用系統方法解決問題。現代物流通常被認為是由運輸、存儲、包裝、裝卸、流通加工、配送和信息諸環節構成的。各環節原本都有各自的功能、利益和觀念。系統方法就是利用現代管理方法和現代技術，使各個環節共享總體信息，把所有環節作為一個一體化的系統來進行組織和管理，以使系統能夠在盡可能低的總成本條件下，提供有競爭優勢的客戶服務。系統方法認為，系統的效益並不是各個局部環節效益的簡單相加。系統方法意味著，對於出現的某一方面的問題，要對全部的影響因素進行分析和評價。從這一思想出發，物流系統並不簡單地追求在各個環節上的最低成本，因為物流各環節的效益之間存在相互影響、相互制約的傾向，存在著交替易損的關係。比如過分強調包裝材料的節約，就可能因其易於破損造成運輸和裝卸費用的上升。因此，系統方法強調要進行總成本分析，以及避免次佳效應和成本權衡應用的分析，以達到總成本最低的目標。

主題實施

自建一個覆蓋面大、反應迅速、成本有效的物流網絡和系統物流對戴爾來講是一項耗時耗力的龐大工程，況且戴爾在物流管理方面並不具備核心專長。同時，因送貨不經濟導致的運作及其他相關成本上升而增加的費用是無法彌補的。面對全球化激烈競爭的趨勢，企業的戰略對策之一是專注於自己擅長的經營領域，力爭在核心技術方面領先，同時將本企業不擅長的業務分離出去，委託給在該領域有特長的、可信賴的合作夥伴。所以，戴爾把物流外包出去了。

具體來說，要通過多種方式對備選的運輸代理企業的資信、網絡、業務能力等進行周密的調查，並給初選的企業少量業務試運行，以實際營運情況考察這些企業服務的能力與質量，對不合格者取消代理資格，對獲得運輸代理資格的企業進行嚴格的月度作業考評。

事實上，在這條供應鏈上，戴爾處理得最多的是信息流。戴爾能夠集中力量提供優質的售後服務支持，同時又避免了公司面臨過度龐大的組織

專項七　電子商務物流

架構。

硬件供應商、戴爾公司和代理服務商三者共同形成了一個虛擬的企業，通過電子數據交換等方式密切配合，達到了資源的更優化配置，同時也降低了成本，共同為顧客提供優質的產品和服務。

知識鏈接

1. 城市物流

城市物流是在一定城市規劃約束下，為實現城市商品流通最優化的目的，與其營運與監管等有關的物流活動體系。

2. 第四方物流

第四方物流是一個供應鏈的集成商，它對公司內部和具有互補性的服務供應商所擁有的不同資源、不同技術進行整合和管理，提供一整套供應鏈解決方案。

3. 精益物流

精益物流是指以精益思想為指導，能夠全方位實現精益運作的物流活動。

4. 綠色物流

綠色物流也稱環保物流，是指在物流過程中抑制物流對環境造成危害的同時，實現對物流環境的淨化，使物流資源得到最充分的利用。

思考與練習

1. 什麼是自營物流？它有什麼特點？
2. 什麼是第三方物流？它有什麼優勢？
3. 通過查詢戴爾網站信息，分析電子商務物流的特點。

國家圖書館出版品預行編目(CIP)資料

電子商務專項技能實訓教程 / 何亮、何苗 主編.-- 第一版.
-- 臺北市：崧博出版：財經錢線文化發行, 2018.10
　面 ；　公分
ISBN 978-957-735-554-6(平裝)
1.電子商務
490.29　　　107016713

書　　名：電子商務專項技能實訓教程
作　　者：何亮、何苗 主編
發行人：黃振庭
出版者：崧博出版事業有限公司
發行者：財經錢線文化事業有限公司
E-mail：sonbookservice@gmail.com
粉絲頁　　　　　　網　址：
地　　址：台北市中正區延平南路六十一號五樓一室
8F.-815, No.61, Sec. 1, Chongqing S. Rd., Zhongzheng
Dist., Taipei City 100, Taiwan (R.O.C.)
電　　話：(02)2370-3310　傳　真：(02) 2370-3210
總經銷：紅螞蟻圖書有限公司
地　　址：台北市內湖區舊宗路二段 121 巷 19 號
電　　話：02-2795-3656　傳真：02-2795-4100　網址：
印　　刷：京峯彩色印刷有限公司（京峰數位）

　　本書版權為西南財經大學出版社所有授權崧博出版事業有限公司獨家發行電子書及繁體書繁體版。若有其他相關權利及授權需求請與本公司聯繫。

定價：300元
發行日期：2018 年 10 月第一版
◎ 本書以POD印製發行